어떻게 과학을
사랑하지 않을 수 있겠어

어떻게 과학을
사랑하지 않을 수 있겠어

기다리고, 의심하고, 실패하고
그럼에도 과학자로 살아가는 이유

이윤종
인터뷰집

인공위성 원격탐사 전문가 김현옥

고생물학자 이융남

커피화학자 이승훈

서울시립과학관장 유만선

과학기술학자 임소연

실험물리학자 고재현

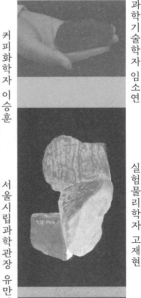

어크로스

과학자의 서재로 찾아가다

첫 책이 무엇이었는지는 정확히 기억나지 않는다. 그러나 재미없고 어려우니 멀리하는 게 최선이라고 생각했던 과학책에서 '이건, 시'라고밖에 표현할 수 없는 문장을 발견하곤 놀라서 매혹되었던 기억만큼은 선명하다. 잠시 책을 엎어놓고 심호흡을 고르며 혼잣말을 했던 것 같다. '뷰티풀!'

국문과 출신의 '과포자'. 물리학은 상자를 밀거나 끄는 그림을 떠올리는 게 다이고, 생물학은 개구리 해부가 전부인 줄 알았던 나는 그렇게 과학책을 하나둘 책장에 들이며 과학 애호가의 길로 들어섰다. 전공자도, 과학 전문 기자도 아닌 내가 과학자들을 찾아가 인터뷰하기로 한 건, 그러니까 순전히 과학에 대한 팬심 때문이다. 사실을 말하자면 과학도 과학이지만 책 속에서 언뜻언뜻 엿보게 되는 과학자들의 모습에 먼저 반해버렸다.

아인슈타인을 알베르트라는 이름으로 부르며 이름을 부르는 행위에 담긴 무한한 흠모를 시전하더니 시공과 중력장을 기술한

$R_{ab} - \frac{1}{2} R_{gab} + \Lambda g_{ab} = 8\pi G T_{ab}$라는 한 줄의 공식에 담긴 사랑을 참지 못하고 고백해버리는 물리학자, 카를로 로벨리. 《보이는 세상은 실재가 아니다》

망치로 암석을 깨뜨린 순간, 파편에서 흩어진 그슬린 머리카락 냄새와 사막의 모래 냄새에 전율하며 20억 년 동안 돌 속에 갇혀 있던 탄소, 칼슘, 마그네슘의 원자를 상기하는 지질학자, 윌리엄 글래슬리. 《근원의 시간 속으로》

어류와 사지동물의 중간 단계, 잃어버린 진화의 고리였던 '틱타알릭'의 화석을 발견해 과학계와 언론의 주목을 받는 상황에서도 아들이 다니는 유치원의 다섯 살 난 꼬맹이들 앞에서 틱타알릭을 소개하던 순간을 가장 뜻깊은 장면으로 묘사하는 고생물학자, 닐 슈빈. 《내 안의 물고기》

아니, 뭐지 이 사람들? 이토록 아름다운 또라이들이라니!
시간과 공간의 경계 너머를 바라보는 시선, 가공할 만한 몰두와 집요함. 피나 바우쉬, 빈센트 반 고흐, 윌리엄 칼로스 윌리엄스, 마쓰오 바쇼…. 나를 매료시켰던 예술가들의 면모를 그와는 상극이라고 생각했던 과학자들에게서 발견하게 될 줄이야.

과학자의 서재

마침 성공한 덕후가 될 기회가 찾아왔다. 새로 합류하게 된 라디오의 책 프로그램에서 과학 코너를 맡게 된 것이다. 다큐멘터리 인터뷰나 공상과학 만화 속의 존재가 아닌 진짜 과학자들의 모습이 알고 싶어 사심을 가득 담아 준비한 코너가 '과학자의 서재'였다. 과학자들이 하고 있는 구체적인 일을 통해 교과서적 지식의 틀을 확장하고 서재에 꽂힌 책 이야기를 통해 과학자들의 개성과 인간적인 면모에 친근하게 다가가보자는 기획 의도였다. 과학자들의 책장에는 어떤 책이 꽂혀 있을까? 과학자는 맨날 전공 책만 읽을까? 뜻밖에도 어린 시절에 읽었던 소년소녀 전집 한 질을 발견하게 되는 것은 아닐까? 가벼운 호기심으로 시작한 질문들이었지만 뜻밖에도 '서재'라는 장소는 과학자들이 자신의 지식과 삶을 대하는 태도로 진입하는 훌륭한 장소이자 키워드이기도 했다. 그렇게 한 달에 한 번씩 과학자를 스튜디오로 초대해 라디오 전파에 그들의 목소리를 실어 우주로 보냈다.

가끔 질문을 받는다. "섭외는 어떻게 했어요?" "이런 얘기는 어떻게 아는 거예요?" '과학자의 서재'는 보통 방송 한두 달 전에 과학자를 섭외해 연락을 이어가는 한편 간간이 전화로 대화를 나누며 방송에서 나눌 이야기를 조율했다.

"저보다 훌륭하신 분이 많습니다. 저는 아닌 것 같아요"라며 정중히 출연을 거절하는 경우도 있다. 그럴 땐 솔직한 마음을 전해보는 편이다. "제가 정말 궁금해서 그래요. 지질학자의 시간 감각은 어떤 건가요?" "아…." 순간, 과학자의 목소리가 흔들린다면 섭외는 성공이다. 희한하게도 출연을 거절한 과학자들을 돌려세운 것은 교환 가치가 있는 대가가 아니라 '시간'이나 '뼈'처럼 그들이 빠져 있는 대상에 대한 나의 관심이었다. 그것의 이름을 호명할 때면, 과학자들의 목소리는 마치 오랫동안 혼자 좋아해온 누군가의 목소리를 수화기 너머로 들은 것처럼 아련해지곤 했다. 그러니 어떻게 이런 과학자들을 궁금해하고 좋아하지 않을 수 있겠는가.

'과학자의 서재'는 1년을 채우고 막을 내렸다. 얇고 넓게 다루어야 하는 코너의 특성상 미처 방송에 담지 못한 이야기들이 있다. 나만 알고 있는 순간들, 과학자들의 목소리가 아득해지거나 반짝였던 순간들 또한 있다. 방송은 끝났지만, 그때의 과학자들을 다시 만나 미루어두었던 깊은 이야기를 들어보고 싶다는 욕심이 생겼다. 다만 이번에는 내가 직접 그들의 서재를 찾아가는 방식으로.

어떻게 과학을 사랑하지 않을 수 있겠어?

학창 시절 이후로도 오랫동안 과학에 대한 나의 태도는

'어떻게 과학 같은 걸 좋아할 수 있겠어?'에 가까웠다. 돌이켜보면 과학을 싫어하고 고등학교만 졸업하면 거들떠보지도 않겠다는 과격한 결심을 한 것은, 과학 그 자체보다도 내가 받은 교육의 영향이 컸다. 심장의 피가 어디에서 나와 어디로 들어가는지 그림을 그리며 외우는 것은 단편적인 지식의 강요였으므로 부당하게 다가왔다. 초음파실에서 듣는 심장박동 소리만큼의 감동도 없었고, 이런 걸 왜 배워야 하는지에 대한 설명도 없었다.

만약 그 시절 내게 이런 과학 선생님이 있었더라면 어땠을까? "다음 주까지 주기율표 외워 와라"라고 말하는 대신 "이 작은 표 안에 오토바이, 개, 김치찌개, 별, 사람… 세상의 모든 것이 다 들어 있다"고 말해주는 선생님. 그랬더라도 여전히 난 과학에서 좋은 점수를 못 받는 학생이었겠지만, 과학을 싫어하는 사람이 되지는 않았을 것이다. '과포자'라는 말이 흔한 현실은, 우리의 교육이 정답이 있는 지식만을 강조하면서 과학을 통해 도달할 수 있는 본질적인 질문과 감수성은 놓치고 있기 때문이라고 짐작해본다.

고백하자면 '집순이'이다. 말 그대로 집에 있는 걸 좋아해서 집순이이기도 하지만 매사를 책으로 읽고 생각하기를 좋아하는 사람이라는 뜻이기도 하다.

"커다란 백목련 꽃잎", "끝없이 푸른 하늘", "꼬옥 쥔 주먹", "너는 먼저 풍경을 사랑하라"는 시인의 말에 탄복하여 눈으로 밑줄을 그으면서도 정작 고개를 들어 창밖의 진짜 목련을 바라볼 줄은 몰랐다. 사랑도 처음에는 책으로 배워서 망했다. 그렇게 실재하는 세상을 만나기보다 나만의 집을 지어놓고, 그 안에서 마음의 작용을 관찰하고 분석하거나 해석하고 판단하기를 즐기던 나를 세상으로 끄집어내준 것이 과학이다. 과학자와 과학책을 통해 알게 된 지식은 나 자신뿐만 아니라 나와 연결된 더 큰 세상을 바라보고 느끼게 해주었다.

산책을 삶에 들였다. 지금 이 계절에만 허용되는 빛을 놓치지 않기 위해 최선을 다해 초록을 뿜어내고 있는 나뭇잎을 가만히 바라볼 줄 알게 되었다. 고개를 들어 하늘을 보면, 저기 저 반짝거리는 점은 인간이 우주로 쏘아 올린 어느 위성의 신호인지, 더 먼 우주, 우리의 시원始原으로부터 달려오고 있는 별빛인지 궁금해졌다. 나와 개미와 꽃을 이루는 것이 모두 손바닥만 한 주기율표 한 장에 담겨 있다면! 그것들은 먼 옛날 어느 별의 폭발로부터 지구로 던져진 원소들이고 나와 꽃과 개미를 이루는 것이 결국 처음 그 원소들의 끊임없는 순환이라면! 함부로 밟아도 되나? 뽑아도 되나? 더럽히고 망가뜨려도 되나?

'나'라는 집이 유일한 우주인 줄 알던 내게 과학은 너와

나도, 우주라는 커다란 점묘화를 이루는 점들 중 '한 점'이라는 감성을 일깨워주었다. '모든 것은 연결되어 있다, 함부로 죽이지 마라, 아름다움, 찰나, 영원, 겸손'과 같은 문학이나 종교의 것이라고 생각했던 관념과 언어들이 과학에서는 구체적인 근거와 지식을 통해 설득력 있게 다가왔다.

　　과학자들을 만나면 묻고 싶었다. 과학에 대한 당신의 첫 기억은 어떤 것인가요? 당신의 지식과 앎을 삶 속에서 어떤 태도로 수용하고 있나요? 이 질문들을 통해 나는 그리고 독자들은 기다리고 의심하고 실패하고, 그럼에도 계속 나아가는 과학자들의 모습 또한 만나게 될 것이다.

달이 아니라면, 달을 가리키는 손끝이라도

　　흔히 손이 아니라 그 손이 가리키는 달을 보라고 한다. 이제 과학을 좋아하기 시작한 초심자로서 과학자들이 가리키는 달을 제대로 이해하고 전달할 능력은 많이 모자란다. 그렇지만 이토록 매력적인 과학자들의 손가락을 보고 있는 것만으로도 좋으니, 과학자들의 서재를 찾아 인터뷰를 해보겠다는 무모한 용기를 냈다.

　　이 책에서 만난 과학자들은 멸종한 동물의 뼈에서 '라이프'를 읽고, 지구 상공 600km 위를 돌고 있는 인공위성의 눈으로 '지구인의 삶'을 읽는다. 달이 아니라면, 달을 가리키는 손끝이라도 보자. 그 손끝을 통해 차츰 그들이 가리키는 달에도, 달을 향하는 지극한 마음에도 가까이 다가갈 수 있을 것이다.

방송 작가로 일하면서 무슨 일이 있어도 놓치지 않겠다고 다짐한 것은 늘 '일말의 진심'이었다. 내가 만나 질문을 던지고 이야기를 들은 사람들, 내가 만든 방송을 보거나 듣고 있을 이름도 얼굴도 모르는 한 사람을 생각하며 정해진 시간과 기획 의도 안에 모든 것을 담지는 못하더라도 '일말의 진심'만은 끝까지 붙들고 가겠다는 것. 나의 과학자들, 그들이 과학을 하는 마음, 그 일말의 진심이 이 책을 읽게 될 누군가에게도 부디 가서 닿기를 바란다.

과학자의 서재로 찾아가 인터뷰를 하고 원고로 다듬어 책이 나오기까지 오랜 시간이 걸렸다. 2년 전부터 최근까지의 인터뷰를 다시 읽어보니, 그 속에서 성장한 나의 시간 또한 보인다. 한편으로는 무식해서 용감했구나 싶어 땀이 흐르는 질문과 기억도 있다.

아무것도 없이 순진한 호기심만 가지고 서재의 문을 두드린 나를 기꺼이 맞아 진지한 이야기를 들려주신 우주선, 황정아, 이승훈, 고재현, 이융남, 김현옥, 유만선, 임소연, 여덟 분의 과학자에게 깊은 감사의 마음을 전한다.

차례

지구라는 역사책 속
한 페이지를 마주하다

지질학자
우주선

퇴적학을 연구하는 지질학자. 서울대학교 지구환경과학부에서 학사와
석사, 박사 학위를 마치고 극지연구소에서 10년간 남극과 북극의 퇴적암을
연구하기도 했다. 현재는 서울대학교 지구환경과학부 교수로 재직 중이며,
현장조사를 통해 수집한 퇴적암에 대한 정보를 바탕으로 과거의 기후,
지각운동, 생명의 진화 같은 다양한 변화를 연구한다.

나의 책장에서 1300쪽에 달하는 《다윈 평전》 다음으로 벽돌 두께를 자랑하는 책 중 한 권은 이성일 작가의 《브람스 평전》이다. 브람스의 팬도 클래식 애호가도 아닌 내가 700여 쪽에 달하는 평전을 읽겠다고 덤빈 이유는 책을 소개한 신문 기사를 보며 저자에 대한 호기심이 생겼기 때문이다. 한 인간으로 하여금 만난 적도 만날 가능성도 없는 누군가의 생애를 기록하기 위해 수십 권의 문헌을 뒤지고, 떠난 이의 삶의 흔적을 찾아 외국의 골목을 헤매게 하는 끌림의 정체는 무엇일까. 그것이 너무나 궁금해 740여 쪽의 두께가 두렵지 않았다. 친절하게도 저자는 책의 서문에 내 궁금증에 대한 답을 미리 밝혀놓고 있었다.

　　'정신적 교호.'

　　작곡가의 삶과 내면세계를 통해 음악의 정수에 다가가는 일은 지식의 차원을 넘어선 정신과 정신의 만남이라는 것. 나 역시 평소 독서를 하며 가장 고양감을 느끼는 순간은 저자와의 정신적 교류가 일어나는 때이기에, 그 대목이 적혀 있는 페이지를 쉽게 떠나지 못한 채 한참을 머물러 있었다.

　　그러니, 과학의 여러 분야 중에서도 지질학 그리고 지질학자에게는 나의 판타지가 투사되어 있었음을 고백해야겠다. 지질학자들은 지층을 가리켜 그들이 읽는 책이라고 표현하지 않던가. 하물며 그 책의 저자는 대자연, 그리고 시간이 아닌가 말이다. '지질학자를 만나러 가자'라는 말을 속으로 되뇌며 인터뷰이를 물색하던 나의 레이더에 지질학자 우주선이 들어왔다.

우주선은 서울대학교 지구환경과학부에서 퇴적암과 퇴적학을 연구하는 지질학자다. 2009년부터 2018년까지 10여 년 동안 극지연구소 선임연구원으로 재직했으며, 지금까지 북극을 7번, 남극을 9번 탐사했다.

우주선은 말이 헤픈 사람이 아니다. 낯도 가리는 편이어서 세 번의 부재중 전화 끝에 겨우 한 번 통화가 될까 말까 했다. 생각해보면 갑자기 나타나 '나는 지질학이 좋아요'를 외치며 인터뷰를 압박하는, 일면식도 없는 아줌마의 해맑음이 그의 성정에는 다소 부담이었을 것도 같다. 그래도 통화가 되기까지 세 번의 부재중 전화가 한 번으로 줄고 문자 메시지에는 즉각 회신이 오갈 무렵 우리의 만남은 네 번째에 접어들었고, 삼척과 정선 일대의 야외 조사에 동행할 기회 또한 잡을 수 있었다.

그가 대학 시절부터 모아온 지질 탐사 기록과 파일들, 흑산도 혹은 남극으로 떠나는 배편에서 일기를 대신해 그린 드로잉 노트들이 정갈하게 꽂힌 관악 연구실에서, 젊은 지질학도 우주선을 품고 키운 태백이라는 자연의 서재에서, 그가 읽는 '지층'이라는 '책'에 대한 이야기를 들었다.

20대에 떠났던 이탈리아 배낭여행에서 한창 발굴 중인 유적지 근처를 지나갈 일이 있었는데요. 지하에서 몸을 반쯤 드러낸 옛 상가 건물의 기둥, 광장과 도로의 흔적을 보며 내 발아래에 또 하나의 세계가 있었다는 사실에 놀랐어요. 그 세계 위에 세워진 나의 세계 또한 언젠가는 땅속에 묻혀 잊히리라는 생각에 다시 한번 놀랐고요. 저에게는 한 인간의 생보다 유구한 시간의 규모라는 것을 처음 대면한 경험이었는데요. 그래봤자 문명의 시간은 지구의시간에 비하면 아주 작은 사건일 테죠. 퇴적학이란 어떤 학문이며, 퇴적학이 다루는 시간의 규모는 어디서부터 어디까지인가요?

지금의 지질학은 태양계 너머 다른 행성의 구성 과정이나 구조를 연구하는 데까지 나아가고 있어요. 지구에 한정해 보더라도 태양 주위를 돌던 돌들이 서로 충돌하고 뭉치면서 처음 지구라는 행성이 모습을 막 갖추기 시작하던 46억 년 전부터 현재까지의 시간을 모두 포함하고 있지요. 그중에서도 제가 연구하는 퇴적학은 지표면에서 퇴적물이 생성되어 운반되고 쌓여 암석이 되기까지의 모든 과정을 다루는 지질학의 한 분야입니다.

그런데 운석들이 지구로 날아와 부딪히고 마그마 바다가 펄펄 끓던 시기에는 퇴적작용이라는 게 없었을 것 아니에요? 마그마가 식어 딱딱한 지표면이 정리되고, 대기의 형성으로 표면의 입자들이 바람을 따라 이동하고, 물이 흘러 분지와 바다가 만들어지면서 퇴적물이 쌓이기 시작하던 때, 대략 40억 년 전부터가 퇴적학이 다루는 시간의 스케일이지요.

그러니까 제 연구 대상은 퇴적물이 쌓여 형성된 퇴적암과 지층인데, 야외에 나가서 보면 층을 이루면서 차곡차곡 쌓여 있어요. 마치 책을 옆으로 뉘어놓은 듯이 보이죠. 무슨 책인지를 가만히 생각해보면 지구의 과거를 기록해놓은 역사책입니다. 암석과 지층에는 과거 퇴적물을 이동시키고 쌓이게 한 퇴적작용은 물론, 퇴적작용을 야기한 요인인 기후변화, 지각운동, 생명의 진화를 비롯한 다양한 이야기가 새겨져 있거든요. 암석이 쌓인 실제적인 순서와 연대, 공간적인 분포를 종합해서 지구라는 역사책의 목차를 밝히고, 목차로 나눠지는 각 장에서 벌어진 과거의 환경과 사건을 해독해서 번역하는 일이 제가 하는 일입니다.

아마도 이 책에서 만나게 될 과학자들의 서재 중에서 가장 큰 서재를 가진 분이 우주선 박사님이 아닐까 싶은데요!
제 서재는 지층이니까요. 저희가 가는 곳은 주로 암석이 드러난 산의 절개면처럼 경관이 층층이 발달한 곳이에요. 지층이 차곡차곡 쌓여 있다는 건 아래쪽이 먼저 생기고 위쪽으로 갈수록 젊어지는 시간의 순서가 있다는 건데, 시간은 이미 다 흘러가버렸지만, 시간이 면으로 바뀌어 공간으로 펼쳐져 있는 곳들을 찾아가는 거죠. 기억에 남는 장소 중 하나는 남시드니 분지라는 곳이에요. 후기 고생대에서 중생대까지의 지층이 해안 절벽을 따라 내륙까지 수십 킬로미터에 걸쳐 이어지는데, 정말 와, 엄청 인상적이었어요. 지층을 찾아 전 세계를 다니지만 형성된 모습 그대로 잘 보존된 경관을 만나기는 쉽지 않거든요. 우리나라에도 후기 고생대 지층이 있긴 하지만 변형이 많이 일어났고 드문드문 노출되어 있기 때문에 상당히 힘들게 연구를 해야만 해요. 그러니 마치 교과서에 실린 사진처럼 퇴적 구조가 잘 보이는 암석이나 아름답게 보존된 지층을 만날 때면 울고 싶을 만큼 반갑고, 그동안 안 좋은 구조를 보아왔던 것들이 일시에 정화되는 것만 같죠.

한반도 고생대의 퇴적 분지를 비롯해 5억 년 전 캄브리아기의 전 지구적인 환경 변화에 대한 연구를 수행해오신 것으로 알고 있습니다. 읽고 계신 책의 한 페이지를 펼쳐본다면, 어떤 이야기가 들어 있나요.

태백산 분지라고 태백, 영월, 정선, 삼척 쪽에 넓게 퍼져 있는 퇴적암층이 있어요. 그곳에 뚫린 한 길에 약 5억 1000만 년 전의 챕터가 펼쳐져 있어요. 지금의 경상북도 봉화군 석포리와 강원도 삼척시 가곡면 풍곡리의 경계에 위치한 석개재라는 고개예요. 이곳의 지층에서는 두꺼운 석회암과 그 사이에 끼어 있는 사암과 이암을 볼 수 있는데 삼엽충같이 바다에서 살던 생물의 화석이 주변에서 발굴되는 것으로 보아 바다 환경에서 형성된 지층이라는 것을 알 수 있습니다. 암석의 입자로부터 얻는 정보도 중요한데요. 석개재의 석회암에는 지름이 1~2mm 되는, 물고기 알처럼 생긴 동그란 알갱이들이 박혀 있어요. 어란석이라고도 부르는 이 암석을 자세히 분석해보면 가운데 핵이 있고 그 핵을 얇은 막이 둘러싸면서 눈덩이처럼 커진 형태의 입자거든요. 그런데 오늘날 우리나라의 동해나 서해의 바닷가에서는 이런 입자를 가진 석회암이 만들어지지 않아요. 오히려 버뮤다나 카리브해의 얕은 바다에서는 지금도 흔히 볼 수 있습니다. 그러니까 5억 1000만 년 전의 한반도는 지금처럼 사계절이 뚜렷한 환경이 아니라, 1년 내내 기후가 따뜻한 저위도에 위치해 파도가 찰랑찰랑 치는 얕은 바다였다는 이야기를 지표에서 읽어낼 수 있는 거죠.

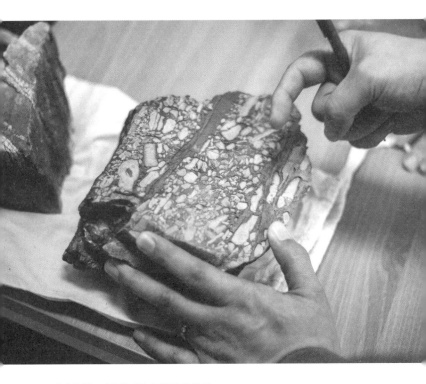

퇴적암에는 바람의 자국, 물길의 방향 등
퇴적작용을 일으킨 과거의 환경이 기록되어 있다.

강원도 산골짜기가 먼 과거에는 카리브해 휴양지의 바다와 같은 모습이었다니 놀랍네요. 흔히 바위나 암석은 변하지 않는 것, 늘 그 자리에 묵묵히 있는 것으로 비유되곤 하는데 말이죠.

지질학적으로는 틀린 비유입니다. 항상 변하고 있죠. 우리 발밑의 땅도 1년에 2~3cm씩 멀어지고 있고요. 밖에 보이는 산도 풍화와 침식으로 1년에 약 1mm씩 깎이고 있어요. 어딘가가 가라앉고 있다면 반대로 솟아오르는 곳도 있고요. 실제로 히말라야산맥의 경우는 1년에 10mm 정도 융기하고 있습니다. 1년에 1mm라고 하면 별것 아닌 것 같지만 시간도 함께 생각해봐야 합니다. 1년에 1mm씩 1억 년이면 100km(지구 대기권과 우주의 경계가 100km이다)예요. 100km가 깎일 수도 있고, 100km가 올라갈 수도 있는 거죠.

우연을 필연으로 바꾸는 것

대전에 있는 지질박물관을 방문한 적이 있어요. 가장 인상적이었던 것이 일종의 나무 화석인 '규화목'이었는데요. 살아생전 모습 그대로 단단하게 굳어 돌이 된 나무의 형상을 보고 충격을 받았던 기억이 나요. 그런데 박사님은 나무가 돌이 되고, 바다가 산이 되고, 하나였던 땅덩어리가 서로

떨어져 멀어지는 사건에서 시간을 보고 있는 거네요.

1년에 몇 밀리미터로 느리게 일어나는 변화라 해도 시간이 쌓이면, 엄청난 효과를 일으켜요. 그런데 1억 년이 아니라 5억 년, 아니 그보다 충분히 더 긴 시간이 있다면 어떨까요? 무슨 일이라도, 이 세상에 없던 생명도 만들어질 수 있을 거예요. 생명이 38억 년 전 어느 시점에 짠하고 갑자기 나왔을 리는 없고, 46억 년 전과 38억 년 전 사이에 어마어마하게 많은 시간이 있었던 거잖아요. 처음에는 우연이었던 사건이 무수한 실험과 실패를 겪으면서 생명 탄생의 결과로 이어진 건데, 우연을 필연으로 바꿀 수 있는 조건은 시간이라는 거지요. 그 시간을 지질학에서 다루고 있는 거고요.

박사님이 말하는 시간과 사건의 규모가 저에게는 '억' 소리가 날 만큼 놀랍기만 한데요. 저의 호들갑과 달리 박사님은 지극히 일상적이고 상식적인 이야기를 들려주듯 덤덤한 모습이어서, '원래 성품이 덤덤하신 건가? 아님, 지질학자의 시간에 대한 감수성은 나 같은 사람과는 다른 건가?' 하는 생각도 듭니다.

아무래도 암석이라는 게 엄청난 시간이 압축되어 있는 것이다 보니까요. 지층의 아래층과 위층, 선과 선 사이의 시간은 지층의 두께가 얼마만큼이면 어느 정도의 시간을 나타낸다고 단순화할 수 없어요. 그걸 가늠하는 게 참 어려워요. 육지와 면하는 얕은 수심의 대륙붕에는 산이나 강에서 기원한 퇴적물이 수 킬로미터에 걸쳐 쌓이지만, 육지로부터 멀리 떨어진 태평양 바닥 같은 곳에는 바람에 실려 온 먼지만이 조용히 떨어져 10만 년 동안 1mm의 퇴적 기록만 쌓이기도 하죠.

한편으로는 연구 대상에 따라 연구자의 성격이 달라지는 건지, 원래 타고난 성향이 달라서 다른 대상을 고른 것인지는 모르겠지만, 지질학자 중에 성격 급한 사람이 별로 없어요. 남극이나 북극의 과학 기지에는 기후, 해양, 물리, 생물 등 다양한 분야의 과학자들이 모이는데, 가만 보면 생물학 하시는 분들이 좀 급해요. 아무래도 펭귄이 알을 품은 시즌, 새끼를 키우는 시즌처럼 그 시기에 딱 맞추지 않으면 못하는 연구들이 있다 보니 그럴 테고요. 또 미생물 같은 걸 채취하면 상하는 것을 방지하기 위해 즉시 전처리를 해서 냉장실에 넣어야 하니까 되게 바지런하게 움직여요. 그런데 상대적으로 지질학자들은 여유가 있죠. 암석은 그 자리에서 갑자기 어디 안 가잖아요. 오늘 하다가 '응, 내일 또 오지 뭐' 하는 거죠.

지질학의 여러 분야 중에서도 특별히 퇴적학을 선택하신

이유가 있나요?

자연 속에서 움직이는 것을 좋아해서요. 실험실에서 온도나 압력 같은 조건을 유추하고 재현해서 땅속에서 벌어지는 활동을 밝히는 일도 흥미롭긴 하지만, 그 일을 내 눈으로 직접 볼 수 있는 건 아니잖아요. 그런데 퇴적암에서는 물길의 방향, 모래가 바람에 따라 굴러다닌 자국, 밀물과 썰물의 주기, 갯지렁이들이 헤집고 다닌 흔적처럼 오래전 지구에서 일어난 일들이 눈에 보이는 증거로 들어 있다는 점이 매력적이지요. 보통 지질학이라고 하면 암석이나 토양처럼 지구의 물리·화학적인 부분, 무생물적인 부분만 다루는 것으로 생각하는데, 사실 우리가 사는 환경에는 생명체들이 기여한 부분도 상당히 많아요. 제주도 우도 가보셨어요? 거기 보면 모래가 유난히 하얗거든요. 그게 다 홍조류 같은 해조류들이 죽은 후 돌로 석화되어 공급된 모래 입자들이에요. 그래서 전 퇴적물 자체는 물론 그 환경에서 살았던 생물들에게도 관심이 많이 가요. 그들의 흔적을 눈으로 보고 손으로 만지며 일하는 것은 지구와 나를 더 밀접하게 연결해주는 경험이지요.

지구의 오래된 이야기는 돌 속에, 절벽에 새겨진 층층의 무늬 위에 기록되어 있다. 자연을 직접 관찰하여 데이터를 모으기 위해 우주선은 노두에 드러난 암석을 찾아 가파른 경사를 오르고, 때로는 피오르 fjord의 깎아지른 듯한 낭떠러지에 끈을 달고 매달려 암석의 시료를 채취하기도 했다. 그의 두 발은 낮과 밤의 기온 차로 팽창과 수축을 반복하다 날카롭게 깨져 등산화 바닥을 자극하던 그린란드의 돌들을 기억하고 있으며, 두 눈은 사막의 붉은 절벽에 새겨진 수평의 줄무늬에서 고운 모래가 얕은 조수에 쓸려 다니던 5억 년 전 바다를 그려볼 수 있다. 망치로 돌을 깰 때 손에 전해지는 감각은 돌의 태생에 대한 정보를 생생히 깨워놓는다. 퇴적학자의 일은 지구를 몸으로 만나는 일이며, 망치는 그들의 연장된 팔이자 손이다.

그러나 지층이라는 책은 세월로 얼룩지고 드문드문 페이지가 찢겨 나간 책과 같아서 해독이 쉽지 않다. 수천 년 혹은 수억 년을 땅속에 묻혀 있다 육지로 솟아오른 산의 일부는 여전히 땅속에서 잠자고 있으며, 노출된 암반의 일부 또한 바람에 깎여 다시 강의 일부로 쌓이거나 누군가의 호흡 속으로 사라졌을 수 있기 때문이다. 풍화되어 사라진 부분과 누락된 시간이 많다는 점에서 지질 기록은 불완전하다. 하나의 이야기가 만들어지기 위해서는 야외에서 이루어지는 암석 및 지형에 대한 조사와 실험실에서 이루어지는 정밀한 시료 검사가 통합되어야 하며, 이론적 지식이 경험적 지식으로 체화되어 통찰력을 갖추기까지 지질학자는 자기 자신을 지질학자로 만들어나가야만 한다.

돌에게 말을 걸다

**지질학 중에서도 특히 퇴적학은 야외에서 데이터를 수집
하는 학문의 특성상 모든 환경을 조건에 맞게 세팅하는 실
험실의 과학과는 다른 부분이 있을 것 같아요. 산에서 바다
를 읽는 지질학자의 감각은 자연 속에서 길러지는 건가요?**

감각이라는 것이 그냥 가서 느낌으로 하는 건 아니고요. 교
과서적 지식이 현장의 경험으로 체화되어 있어야 해요. 그
런데 지질학이라는 게 답이 딱 나오는 학문이 아니기 때문
에 어느 정도 단계에 이를 때까지는 정말 도 닦듯이 해야 하
는 면이 있습니다. 지역에 어떤 암석이 어떻게 분포해 있는
지 라인을 따라다니면서 전체적으로 보는 것도 필요하고,
한 지점에 하루 종일 머물러 앉아 암석을 보면서 혼자 고민
하는 시간도 가져야 하지요. 한참 몰입해서 돌을 보고 있으
면 저 돌이 말을 해줬으면 좋겠다는 생각이 들 때도 있어요.
'너는 어디에서 왔니?' '왜 여기에 있니?' '왜 저기에는 없는
거니?' 이렇게 돌에게 말을 걸지만, 사실은 나에게 묻는 거
죠. 계속해서 질문을 던지면서 그에 대한 답을 돌에게도 듣
고 나도 만들어가는 작업을 해나가야 합니다.

지질학자 하면 망치가 먼저 떠올라요.

지질학자들은 다 망치를 좋아하죠. 장비 챙길 때 가장 먼저 챙기는 것도 망치고요. 학회에 가면 마지막 날에는 필드트립이 있어서 다 같이 그 지역의 돌을 보러 가요. 발제자가 지층 앞에 나서서 설명하면 망치를 손에 들거나 옆에 차고 있는 사람들이 쫙 둘러서서 구경하는 장면이 만들어지지요.

돌의 표면은 풍화를 많이 받은 데다가 먼지나 이끼로 오염되어서 암석의 진면목을 알기 어렵기 때문에 망치로 암석을 떼내서 안쪽 면을 볼 필요가 있어요. 또 현장에서 샘플을 떼어와야 암석 박편을 만들어서 현미경으로 관찰하거나 동위원소 분석 같은 정밀한 작업을 할 수 있고요. 같이 태백 갔을 때 보셔서 아시겠지만 저희가 주로 다니는 곳은 사람이 안 다니는 임도이기 때문에 풀이 웃자란 경우가 많거든요. 그럴 땐 망치로 풀을 헤치면서 이동하기도 하고, 경사진 곳에서는 땅바닥을 찍어 지지대로 쓰거나 필요하면 계단을 파기도 하는 등 망치가 여러 가지로 두루 쓰입니다.

돌에도 성격이 있나요?

망치가 돌의 성격을 파악하는 데에도 아주 결정적으로 쓰이죠. 땅속에서 높은 온도와 압력을 받아 변성된 규암 같은 경우는 망치가 튕겨 나올 정도로 딴딴해요. 불꽃이 튀기도 하고요. 점토질인 이암은 잘 쪼개지는데, 그러다 보니 이암으

로 된 지형에서 일을 할 때는 밟으면 부스러지고 미끄러져서 높은 곳을 올라갈 때는 영 믿음이 안 가고요. 색깔도 중요한데요. 돌이 하얀색인지 까만색인지에 따라 햇빛을 흡수하는 능력이 다르거든요. 남극에서 저희가 일했던 곳은 날씨가 좋은 날에도 기온이 영하 30도 이런데, 햇빛을 흡수한 돌의 표면은 영상 30도 정도 돼요. 그래서 추울 때는 까만 돌옆에 붙어서 일하면 아주 따듯하고 좋습니다.

남들은 평생 한 번도 가기 힘든 남극을 수차례 다녀오셨어요. 남극 하면 추위, 얼음과 눈으로 뒤덮인 절대 자연을 떠올리게 되는데요. 절대 자연 앞에 선 인간은 무엇을 느끼는지 우주선 박사님을 만나면 꼭 물어보고 싶었습니다.

남극이나 북극처럼 기반시설이 없는 곳에서 조사할 때는 야외에서 캠프를 하게 돼요. 해안 기지에서 200~300km 들어간 내륙의 산지에 짐과 팀원들을 내려놓고 헬기가 떠나고 나면 그때부터 그곳에는 저희밖에 없어요. 보이는 건 눈과 얼음과 바위뿐이고, 반경 수백 킬로미터 이내에 미생물을 제외하면 살아 있는 것이라곤 아무것도 없는 곳이죠. 그곳에서 가장 먼저 해야 할 일은 연구동을 비롯해 식사, 화장실, 숙소로 이용할 텐트를 짓는 건데, 눈밭을 고르고 삽질을 하다 보면 허리도 아프고 '내가 왜 여기서 이걸 하고 있지?'

하는 생각부터 들어요. 그런데 돌 찾으러 다니고, 일 좀 하다가 하루 일과를 마치고 쉬는 시간이 돌아오잖아요. 아무도 없는 텐트 밖에 혼자 앉아 있을 때, 바람조차 없는 날이면 마치 청력 검사실에 들어간 것처럼 소리 하나 없는 적막 속에 있게 되는데, 그런 순간에는 '나는 누구지?' '어디서 와서 어디로 가는 거지?' 같은 근원적인 질문들이 찾아옵니다. 보통 인간이 우주 앞에서 그런 감정을 느낀다고들 말하던데, 우주는 그냥 봐도 좀 멀리 있다 보니 저에게는 그다지 직접적으로 다가오진 않더라고요. 그런데 남극이나 북극처럼 손타지 않은 대자연이 바로 내 앞에 펼쳐져 있고 오직 자연과 나만 존재하는 곳에서는… 모르겠어요. 내 존재가 정말 아무것도 아닌 것처럼 느껴지기도 하고, 대자연의 일부로 존재한다는 자각이 좋기도 하고. 결국 우리는 다 자연의 일부이잖아요.

"과학자이기 때문에 눈앞에 펼쳐진 풍경에 대한 놀라움이나 경탄이 순간의 감정으로 끝나지 않고 자연이 어떻게 작동하는지에 대한 궁금증으로 연결된다"고 말씀하셨는데요. 과거라는 건 아무리 궁금해도 직접 가서 볼 수 없는 한계와 숙명 또한 있는 거잖아요. 만약에 순간 이동을 할 수 있다면 어느 시대로 가보고 싶으세요?

캄브리아기요. 얕은 바다에서 동물들과 같이 헤엄치면서 어떤 애들이 다니고 있나 보고 싶어요. 5억 년 전 캄브리아기에는 남극 역시 지금의 모습과 달랐어요. 남극이 오늘날처럼 추운 대륙이 된 건 약 3000만 년 전의 일이고, 5억 년 전에는 한반도가 그랬던 것처럼 적도 부근의 따뜻한 바닷가였다는 것을 당시 살았던 생물초나 동물 화석들이 보여주고 있지요. 캄브리아기는 여러 종의 동물들이 폭발적으로 나타나서 굉장히 빨리 진화하던 시기입니다. 당시 그러한 전 지구적 변화를 초래한 환경 요인이 있었을 텐데 그 부분을 좀 깊게 연구해보고 싶어요. 지질학적으로도 의미가 있는 게, 캄브리아기는 목차는 나와 있지만 세부 챕터는 다 쓰이지 않고 드문드문 비어 있는 시기이기도 하거든요. 캄브리아 중기나 후기에 비해 동물들이 이제 막 출현하던 캄브리아 전기의 암석들은 아직 제대로 보고되지 않았어요. 물론 지구화학이나 동위원소 분석을 통해 당시의 환경 변화를 유추한 연구들은 많이 나와 있지만, 그것만 가지고 환경을 해석한다는 건 실제로 암석에 새겨진 기록은 보지 않은 채 번역하는 셈이 되거든요. 우리가 풀어야 할 문제들이 있고, 문제를 풀기 위해서는 여러 가지 증거와 기록이 필요합니다.

   망치와 정을 손에 들고, 때로는 비상식량을 포함한 생존 장비가 들어 있는 서바이벌 백까지 등에 짊어진 채, 우주선은 지구의 양극과 북중국의 석회암 지대, 아르헨티나와 칠레의 산맥, 오래전 초대륙 곤드와나의 일부였던 오스트레일리아와 뉴질랜드의 드넓은 대륙을 밟았다.

많은 곳을 보았고 많은 일을 겪었다. 눈에 젖은 등산화를 텐트 지붕에 널어 말리다 이를 먹을 것으로 착각한 배고픈 늑대 무리에게 야영 중인 텐트를 포위당한 일도 있었다. 쇄빙 연구선 아라온호가 뉴질랜드 크라이스트처치에서 남극의 장보고 기지를 향해 얼음을 깨며 나아갈 때에는 과연 지금 여기가 물의 행성임을 온몸으로 실감하며 벅차오르는 감동을 맛보기도 했다.

북위 82도 시리우스 파셋에서 남위 77도의 드라이밸리까지, 지구의 이쪽 끝과 저쪽 끝을 돌아 내 앞에 앉아 있는 지질학자가 가장 보여주고 싶어 하는 지구의 한 페이지는 어디일까?

저널리스트인 존 맥피가 지질학자들과 함께 20년에 걸쳐 미국 대륙을 횡단하며 써낸《이전 세계의 연대기》에는 "지질학자들의 연구 방식에는 그들이 어떤 종류의 땅에서 자랐는지가 드러난다"라는 말이 나옵니다.

글쎄요. 어렸을 때 전주 외곽에 살았어요. 그때는 아직 돌에 관심이 없었지만 맨날 동네 뒷산에 가서 나무 기어오르고 벌레 잡으면서 자연에 묻혀 살았죠. 지금의 제 일은 오롯

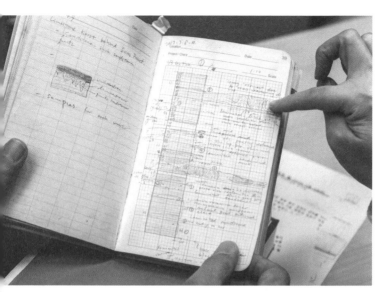

이 자연으로 둘러싸인 곳에서 시간을 보내는 일이 많은데, 이게 다 어린 시절 동네 뒷산에서 시작된 것 같다는 생각을 가끔 해요. 아들 하나, 딸 하나가 있는데 해수욕장 같은 자연 말고 진짜 자연 속에 있는 경험을 누리게 해주고 싶어서 어릴 때는 태백으로 많이 데리고 다녔어요. 아무도 들어가 본 적 없는 계곡물에서 다이빙도 하고, 망치 하나씩 손에 들려 주면 시원하게 돌도 깨보고요. 지금은 학원 다니느라 전처럼 자주 가지는 못하는데 애들이 먼저 한 번씩 묻더라고요. 태백 언제 가냐고.

저는 박사님이 들려주신 이야기 중에 우도의 백사장 이야기가 잊히질 않아요. 내 아이들이 뛰어놀던 평범한 해변의 풍경 위에 과거의 시간과 사건이 중첩되는 경험이었어요. 지금까지 배경으로만 생각했던 자연과 나의 위치를 바꾸어 생각해보는 계기가 되었고요.

저기, 좋은 말이기는 한데요. 나중에 화석 찾기 같은 거 한번 해보세요. 몸을 움직여서 눈에 보이는 결과를 직접 경험해보면 좋아요. 손맛도 있고요.

맞아요. 저는 머리로만 생각하는 게 문제예요. 머리를 좀 벗어날 필요가 있어요. 그럼 하나만 더 물을게요. 독자들

이 '지구'라는 역사책을 펼쳤을 때 이 부분만은 놓치지 말고 꼭 읽었으면 하는 페이지가 있나요?

평창동에 사신다고 하셨죠? 거기가 화강암 지반인데 굉장히 단단하게 태어나는 돌이에요. 서울에서는 아래쪽으로 조금 내려가면 시화호가 있는데, 중생대의 퇴적암 지층들을 볼 수가 있죠. 나중에 여유가 생기면 우리 집 주변의 암석들을 찾아 소개하고 퇴적암이 어떤 스토리를 가지고 있는지, 전 지구적으로 봤을 때 어떻게 하나의 이야기로 연결되는지 쉽게 알려주는 일을 해보고 싶어요. 우리 집 마루가 강화마루인지 온돌마루인지를 중요하게 생각한다면 내가 딛고 사는 땅이 어떤 돌로 되어 있는지도 당연히 궁금해해야 하지 않나요? 비록 지구가 다 콘크리트로 싸여 있지만, 산이나 암석의 형태로 몸의 일부를 드러내고 있는 거예요. 암석은 대자연 중에서도 가장 큰 지구라는 자연과 나를 직접적으로 연결해줍니다.

지질학이 내게 주는 판타지는 암석에 기록된 영겁의 시간과 대자연, 눈앞에 펼쳐진 지층이라는 책을 읽을 때 인간이 경험하는 정신적 고양감 같은 것이었다. 그러나 이에 대해 우주선에게 질문할 때마다 그는 즉답 대신 돌을 보여주었다.

돌은 어디에나 있었다. 소금강을 끼고 몰운대로 넘어가는 길에 차창

현미경 관찰을 위한 암석 샘플의 박편들.
우주선의 서재에는 학부 시절부터 모아온
박편 상자들이 책장 한편을 차지하고 있다.

밖으로 보았던 산의 절개면에도 있었고, 관악산 연구실 책상 위에서 보았던 검은 매직으로 날짜를 적어둔 암석 샘플에는 4억 년 전 어느 날 격렬했던 태풍의 흔적이 새겨져 있었으며, 암석을 얇게 잘라 유리 슬라이드로 만든 박편들은 길고 좁은 직사각 상자 안에 나란히 정렬되어 또 하나의 서재를 이루었다.

우주선이 보여준 현미경 아래 가로세로 3cm 남짓의 박편 속에는 세모로 반짝이는 석영 조각, 동그란 도넛 형태의 해면동물, 붉고 얇은 층을 이룬 스트로마톨라이트 등 동시대를 살았던 암석과 생물들의 흔적이 가득했다. 스트로마톨라이트를 만든 미생물인 가는 실 형태의 남세균 역시 관찰할 수 있었는데, 이들은 최초로 광합성을 통해 산소를 만들어냄으로써 지구를 지금과 같이 다양한 생물들이 진화한 행성으로 변모시키는 데 기여한 생물이다.

암석은 우리를 깊고 심원한 지구의 시간과 연결해준다. 비, 바람, 물, 공기, 미생물…. 오래된 암석 속의 흔적과 기록은 우리의 세계가 이전 세계를 구성하던 물질과 생물들의 상호작용으로 만들어졌음을 보여주는 증거라고 우주선은 말했다.

올해도 내가 사는 평창동의 빌라에 봄이 찾아왔다. 부엌 창을 통해 맞은편 집 마당의 벚나무를 바라본다. 늘 나의 배경에 머물다 넘겨지던 한 페이지이지만, 이 봄에는 달리 보인다. 벚나무가 벚나무로 서 있음에. 내가 나로 존재함에. 우연을 필연으로 바꿀 만큼의 시간을 통과해 벚나무와 내가 지금 여기의 시간과 풍경을 잠시 공유하고 있다는 사실에 어떤 이름을 붙여야 할까.

맞은편 집 아기가 베란다에 모습을 드러냈다. 지난봄에는 아기띠에 매달려 다니더니, 유리문을 짚고 일어선 모습이 제법 걸음마에 익숙해지려는 중인가 보다. 곧 쌀알 같은 흰 이도 분홍 잇몸을 뚫고 돋아날 테지? 그 녀석 잇몸이 제법 근질거리겠구나 싶다.

벚나무 또한 아직 꽃이 피기 전, 분홍 꽃이 봉우리를 찢고 나오려고 한껏 부푼 모양새다.

그리고, 이제 막 이가 돋으려는 아이의 시선이 꽃망울이 터지기 직전의 꽃나무 가지에 머물던 찰나! 내 귀에는 그들의 대화가 이처럼 들리는 듯했다.

"간지러워? 나도 간지러워."

이 봄, 지구 위 시간과 사건의 한 페이지를 잠시 공유하며, 아기와 나와 벚나무가 맺은 교호의 순간이다.

원더풀 라이프
스티븐 제이 굴드 | 김동광 옮김 | 궁리 | 2018

가장 좋아하고 애정하는 책은 역시 전공서이다. 지질학 교과서를 본 적 있는지? 데이터를 수치로 분석한 그래프보다 암석의 분포와 구조를 나타낸 컬러풀한 그림이 많이 등장하는 것이 지질학 교과서이다. 강원도 일대를 탐사하던 대학 시절, 비가 와서 야외조사가 취소되는 날이면 태백의 도서관을 찾아 전공서를 뒤지며 하루를 보냈고, 극지로 향하는 짐가방 안에는 지질학 개론서들이 담겨 있곤 했다. 《원더풀 라이프》는 2014년 그린란드의 시리우스 파셋 탐사 당시 동료 고생물학자의 배낭에서 빼앗아 읽은 책이다. 버제스 혈암 속 캄브리아기 생명 대폭발의 화석 증거로 촉발된 진화의 '연속성'과 '우연성'이 책의 주요 논쟁이었지만, 그보다는 화석 속 생물과 신체 구조에 관한 자세하고 생생한 묘사에 매료되어 읽었던 기억이 있다. 유일하게 난방기가 설치된 거실 역할의 공용 텐트에서 저녁 내내 책을 읽고, 다음 날 탐사를 나가 망치로 돌을 때리면 책에서 본 것과 비슷한 캄브리아 중기의 동물 화석들이 나오곤 했다. 너무 흔해서 고생물학자들은 버려두고 가던 그것들을 가방에 주워 담았다. 그때 모은 화석들이 지금도 내 서재 한편을 지키고 있다.

콰이어트
수전 케인 | 김우열 옮김 | 알에이치코리아 | 2012

남극의 탐사지와 기지 사이를 오가는 쇄빙 연구선 아라온호의 도서관에서 이 책을 만났다. 함께 배에 오른 탐사 동료가 먼저 읽고, 당신 같은 사람이 봐야 한다며 권했던 책인데 생각보다 재밌었다. 어린 시절 내향적인 아이였지만 사회적으로 외향성을 요구받았던 저자가 역사 속 내향인들의 삶과 내향인에 관한 인류학, 뇌과학, 유전학 같은 다양한 학문의 연구를 추적, 탐구해나간다. 내게는 내향인을 위한 자기계발서로 읽혔다. '콰이어트'라는 책의 제목처럼 혼자 조용히 몰입하는 시간을 좋아한다. 그런 면에서는 나도 내향인이 맞는 듯하다. 자연 속에 고요히 있는 것도 좋지만, 노트에 주상도를 세밀하게 그려 넣는 시간 또한 몰입할 수 있어 좋다. 주상도를 그리는 일은 요즘에야 얼마든지 컴퓨터로도 가능하지만 여전히 수기를 선호하는 이유다. 책 후반부에 등장하는 두 사람의 이야기가 인상적이다. 대중을 사로잡으며 열정적으로 강의하는 한 남자, 그리고 교외의 집에서 조용히 자연과 사색하는 한 남자. 알고 보면 두 사람은 같은 사람의 두 가지 모습이었다.

중력에 맞서 꺾이지 않고 나아가는 힘

우주물리학자
황정아

우주를 사랑하는 물리학자로서 우주를 연구하고, 인공위성을 만들고,
학생들을 가르쳤다. KAIST에서 플라스마 물리학으로 박사 학위를 받았으며,
학위 과정 동안 과학기술위성 1호의 우주물리 탑재체 개발에 참여하면서
인공위성과의 인연이 시작되었다. 2023년 누리호에 실린 도요샛 위성
프로젝트의 시스템 엔지니어였다. 국가우주위원, 정지궤도복합위성개발사업
추진위원, 425 정찰위성사업의 자문위원으로 활동했으며, 현재는 제22대
국회의원으로 재직 중이다.

허름하고 구겨진 구두 한 켤레가 있다. 구두를 그린 이는 화가 빈센트 반 고흐. 낡은 구두에 의지해 지구 위의 도시를 이곳에서 저곳으로 나그네처럼 떠돌던 그는 1888년 6월, 동생 테오에게 보내는 편지에 이렇게 썼다.

지도에서 도시나 마을을 가리키는 검은 점을 보면 꿈을 꾸게 되는 것처럼, 별이 반짝이는 밤하늘은 나를 꿈꾸게 한다. 그럴 땐 묻곤 하지. 왜 프랑스 지도 위에 표시된 검은 점에게 가듯 창공에서 반짝이는 저 별에게 갈 수 없는 것일까?[*]

우주물리학자 황정아의 이야기를 하려는데 빈센트 반 고흐의 구두와 별까지 걸어서 가고 싶다던 그의 소망이 떠오른 건 왜일까. 인터뷰가 끝나고도 오래도록 잔상으로 남아 있던 황정아의 운동화. 언제라도 갈아 신고 뛰쳐나갈 준비를 한 채 책상 아래 대기 중이던 바닥이 폭신한 그녀의 운동화 때문일 것이다.

황정아는 대전에 위치한 한국천문연구원에서 태양, 지구방사선대, 우주환경을 연구한다. (이 인터뷰는 2023년 6월에 이

---

[*] 빈센트 반 고흐, 《반 고흐, 영혼의 편지》, 신성림 옮김, 예담, 2005

루어졌다. 황정아 박사는 2024년 제22대 국회의원에 당선되어 현재 국회 의원으로 재직 중이다.) 태양과 지구 사이의 공간에서 일어나는 모든 물리적 현상이 우주물리학자인 그녀의 연구 대상이다.

황정아는 별을 만드는 과학자이기도 하다. 엄밀히 말하면 항성과 행성과 위성을 구분해야겠지만, 그것이 인간이 만들어 쏘아 올린 인공의 위성이라 할지라도 창공에 반짝이는 것을 별이라 부르지 않으면 무어라 부를까. 황정아는 다른 우주에서 일어나는 현상을 직접 관측할 수 있는 인공위성을 개발해 띄우는 일에 인생과 경력을 걸었다. 학위 과정 중 KAIST 인공위성연구센터에서 그녀가 직접 납땜질을 해가며 제작한 '과학기술위성 1호'의 고에너지 입자 검출기에는 'Designed by Junga Hwang'이 금으로 새겨져 있다. 황정아에게는 자신의 이름을 새긴 별이 있다.

그리고 2023년 5월 25일, 그녀 인생의 두 번째 위성인 군집 큐브위성 '도요샛' 4기가 누리호에 실려 우주로 갔다. 이번 미션에서 황정아의 임무는 시스템 엔지니어. 도요샛의 임무 설정, 개발팀 구성, 예산 확보, 위성 본체와 탑재체 등 하드웨어 개발은 물론 지상국 관리에 이르기까지, 위성 운영 전반의 시스템을 총괄하는 역할로, 별까지 가기 위한 길을 놓는 일이라 하겠다. 그러나 우주로 가는 길은 꽃길도, 주단이 깔린 레드카펫도 아니다. 중력의 지배를 받는 인간이 우주로 갈 결심을 품는다는 건 삶의 중력에 맞서 끊임없이 투쟁과 의지를 불태워야 하는 일이며, 신발 끈을 질끈 묶고 발품을 팔아야 하는 길임을 책상 아래 놓인 그녀의 운동화는 말해주고 있었다.

도요샛이 우주로 나아간 지 한 달이 채 안 된 2023년 6월 어느 날, 도요샛의 지상국으로 운영되고 있는 한국천문연구원의 우주환경감시실을 찾았다. 컬러풀한 태양 활동 영상을 비롯해 우주 날씨 관측과 예보를 위한 각종 관측 데이터가 수신되고 있는 우주환경감시실의 벽 한쪽 대형 스크린에는 도요샛의 이동 경로가 실시간으로 점멸하는 중이었다.

2023년 5월 25일 18시 24분, 나로우주센터에서 발사한 누리호에는 황정아 박사님이 시스템 엔지니어로 제작을 총괄한 군집 큐브위성 도요샛 4기가 탑재되어 있었습니다. 그로부터 거의 한 달의 시간이 흘렀는데요. 지금 어떤 시간을 보내고 계신가요?

많은 분들이 누리호 발사 장면을 TV를 통해 보셨을 거예요. 발사 순간의 화염은 몇 분이면 끝나요. 사람들의 관심이 집중되는 건 순간의 불꽃과 이벤트이지만 진정한 라운드의 시작은 그 이후입니다. 로켓은 위성을 데려다주는 수송체일 뿐이고, 위성이 우주로 간 목적이 있잖아요. 저희가 이 방에서 도요샛의 첫 비콘 신호를 수신한 건 발사 당일 한 시간 30분 정도가 지난 시점인데, 정말 조마조마한 심정으로 기다리고 있었어요. 그래서 다른 무엇보다 '살아 있구나! 다행이다'라는 마음이 컸죠.

도요샛은 모두 4기가 발사됐는데 아직 3호기는 신호가 없고요. 나머지 위성들도 본격적인 과학 임무 수행에 앞서 헬스 체크와 초기 운영 모드를 점검하는 단계에 있습니다. 이제 막 우주 환경에 놓였기 때문에 신생아나 마찬가지예요. 자세와 통신은 물론 운영에 필요한 부품 하나하나를 다 점검해서 최적의 세팅을 찾아 가르쳐야 합니다. 지금 모니터에 들어오고 있는 도요샛의 실시간 이동 경로를 보면 카타르 도하에서 사우디아라비아 위쪽 옆 바다를 지나가고 있잖아요. 어디를 가고 있는지 24시간 대기하면서 지켜보고 있는 상황입니다. 위성체가 우리나라 상공에 오는 건 하루 두 번이고, 통신할 수 있는 시간은 3분도 채 안 돼요. 그 3분 안에 정상 가동 여부를 확인해서 다음 주기에 왔을 때 비상 명령을 보내 문제를 수정하는 작업을 계속하고 있어요. 비상 모드입니다. 우리 팀에 어마어마한 부하가 걸려 있어요. 위성을 개발하는 전 주기 중에서 지금이 가장 피 말리는 시간입니다. 그 피 말리는 시간에, 지옥 같은 순간에 저를 찾아오신 거죠. (도요샛 발사 후 1년, 2호기 나래와 4호기 라온은 편대비행을 유지하며 우주 날씨 관측 임무를 성공적으로 수행했다. 나노급 위성 중 세계 최초로 편대비행에 성공함으로써 초소형 위성의 활용 영역을 넓혔다는 평가를 받는다. 3호기 다솔은 사출에 실패했고, 1호기 가람은 전력계 이상으로 정상적인 임무를 수행하지 못했다.)

도요샛이 우주로 간 목적은 무엇인가요?

도요샛의 과학 임무는 우주 날씨 관측이에요. 태양은 겉으로는 평온하고 안정되어 보이지만 실제로는 단 한순간도 조용한 상태로 있지를 않아요. 태양 표면은 마치 살아 있는 세포들처럼 움직이면서 막대한 에너지를 뿜어내고 있고, 수소와 양성자 같은 고에너지 입자들과 방사선이 지금도 총알의 1000배 속도로 지구를 향해 달려오는 중입니다. 이렇게 태양의 활동으로부터 촉발된 우주 환경의 변화를 우주 날씨라고 해요. 그럼 어디까지가 지구의 날씨이고 어디부터가 우주의 날씨인지 궁금해지죠. 비, 바람, 구름 등 대기로 인한 기상 현상이 일어나는 구간은 고도 100km까지로 봅니다. 100km부터 무한대까지가 우주 날씨의 영역이에요. 도요샛은 지상 500km의 지구 저궤도를 돌며 태양풍, 우주 방사선, 오로라 등 태양과 지구 사이에 일어나는 물리 현상들을 관측할 거예요.

우리 위성이 정말 작습니다. 무게 7.9kg, 크기 6U(30×20×10cm), A4 한 장보다 약간 큰 나노급 위성이에요. 그 작은 몸체 안에 입자, 전파, 전자, 자기장 등 우주 환경을 볼 수 있는 물리 탑재체 4종이 다 들어가 있어요. 이것만 해도 굉장히 혁신적인 건데, 여러 대가 동시에 올라갔습니다. 뭘 의미할까요? 앞으로 나란히 일렬종대로 비행하면서 우주 날씨의 시간적 변화를 관측하고, 옆으로 나란히 횡대 편대를 하면서 공간적 변화를 관측할 거라는 이야기예요. 지금까지 발사된 모든 과학 위성들이 단 1기였어요. 위성 하나만으로는

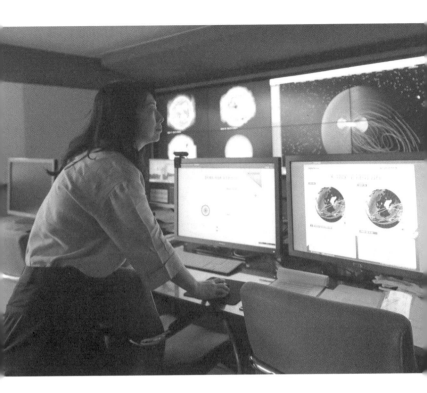

도요샛의 지상국을 겸한 한국천문연구원의 우주환경감시실.
우주 날씨를 실시간으로 관측, 예보하는 종합통제실인 이 방의
초기 설계 또한 황정아가 맡아 진행했다.

한계가 분명합니다. 위성은 정해진 궤도에서 움직이기 때문에 그동안 지구 저궤도에서 촬영한 대부분의 위성 사진은 정지 사진이었어요. 열을 지어 4기가 한꺼번에 감으로써 다양한 위치에서 데이터를 확보하는 것은 물론, 100분 걸리던 재방문 주기를 25분으로 줄여 3차원 동영상과 같은 모델링이 가능해진다는 이야기죠. 제가 이 계획을 발표했을 때, 전 세계의 많은 과학자들이 "너 참 도전적이다", "이렇게 무모한 걸 하려고 하니?"라는 반응을 보였는데요. 성공한다면 나노샛(소형 인공위성)에서 편대비행에 성공한 세계 최초의 사례가 되는 겁니다.

'도전적'이라는 건 편대비행을 하겠다는 아이디어 자체를 두고 한 말인가요?

편대비행은 우주개발을 하는 전 세계의 모든 엔지니어가 꿈꾸는 기술이에요. 다만 지금까지 해본 적이 없을 뿐이죠. 무중력 상태에서는 어느 한 방향으로 미세하게라도 힘이 가해지면 반대 방향으로 무한대로 날아가기 때문에 이를 제어하는 것은 매우 어려운 기술입니다. 인공위성 하나 만드는 데 얼마나 많은 노력과 예산이 드는데, 어느 누가 자칫 위성을 잃어버릴 수도 있는 무모한 시도를 하겠어요. 이렇게 조그마한 위성에 추력기를 달아 열을 맞춰 날아가게 하려면 위성 간의 거리를 100m, 1km, 10km, 100km로 조절할 수 있다는 자신감이 있어야만 해요. 아이디어는 새롭지 않습니다. 해내느냐가 중요할 뿐.

TV에서 도요샛이 우주로 사출되는 장면을 실시간으로 지켜보았어요. 어둡고 광막한 우주 공간에 비해 도요샛은 너무나도 작고 연약해 보이더라고요. 우주의 규모와 시간에 비한다면 인간은 미미하기 그지없는 존재인데, 그토록 미약한 인간이 자신의 의지와 기술을 집약한 물체를 우주로 보낸다는 것에 대해 알 수 없는 감정이 올라왔어요. 우주라는 곳이 꿈과 동경만으로 갈 수 있는 곳은 아니잖아요.

우주로 가는 길은 험난합니다. 만만한 곳이 아니에요. 장기적으로 막대한 예산과 많은 인력을 필요로 하는 어마어마한 프로젝트이지요. 태양계에서 가장 멀리 나간 인공위성은 명왕성에 가 있는 뉴호라이즌스인데 미션을 기획하고 제안서를 통과해서 예산을 승인받기까지 10년, 탐사선을 만들고 개발하는 데 10년, 발사에 성공해 명왕성에 도착하기까지 10년이 걸렸어요. 자그마치 30년이 소요되었죠.

도요샛도 저 작은 거 하나 보내는 데 11년이나 걸렸어요. 한창 프로젝트를 준비하던 2017년 무렵 '유럽 우주 날씨 학회 European Space Weather Week'에 참석했다가 마침 뉴호라이즌스호

프로젝트의 책임자인 앨런 스턴의 발표를 들을 기회가 있었어요. 제일 앞줄, 앨런 스턴과 눈도 마주칠 수 있는 자리에서 들었는데 감동해서 눈물이 났어요. 앨런 스턴이 처음 명왕성 프로젝트를 발표했을 때 모두가 안 될 거라고 했거든요. 돈도 많이 들고, 시간도 너무 오래 걸리고, 빛나지도 않는 일을 왜 하느냐며 주변이나 정부 모두 반대가 심한 상황이었어요. 그런데 앨런 스턴은 숱한 반대와 실패에 부딪히면서도 지치지 않고 명왕성이 얼마나 가볼 만한 가치가 있으며 과학적으로 중요한 행성인지를 계속 말하고 다닌 거예요. 결국 자신의 연구 경력 30년을 모두 걸어 뉴호라이즌스호를 발사하는 데 성공했지만, 이 정도 네임밸류의 과학자조차 그렇게 힘들게 버텨야만 하는 길이라는 거죠. 이 길이.

앨런 스턴의 발표를 들으며 황정아 박사님이 흘린 눈물이 어떤 의미였을지 궁금하네요. 위로였을까요?

존경. 나와 같은 길을 앞서간 사람에 대한 무한한 애정과 존경, 그리고 안도였어요. 되는구나. 되는 길이구나. 위성 제작이라고 하면 대부분 하드웨어를 먼저 떠올릴 텐데, 사실상 가장 어렵고 오래 걸리는 일은 연구비를 확보하는 거예요. 도요샛 같은 위성을 올려보내면 좋겠다고 생각해서 연구단을 꾸리고 제안서를 써서 들고 다니기 시작한 게 2011년인데, 예산 확보하기까지만 자그마치 5~6년이 걸렸어요. 사무관부터 설득하고 잘되면 다음 단계로 서기관 만나고, 국회의원 찾아가고, 중간에 담당자 바뀌면 밑바닥부터 다시 시작하고. 이 과정을 몇 년 동안 계속 반복한 거예요. 앨런 스턴의 발표를 들으며 생각했죠. 우주 미션이라는 게 이 정도 인고의 시간을 견뎌야 하는 일이구나. 한 10년 고생하면 될 줄 알았는데 30년 걸리는구나. 누구도 될 거라고 이야기해주지 않았어요. "우리나라에서 과학 위성이 될 것 같아?"라고 반문했지요. 그렇지만 언젠가는 되겠지 하는 마음으로 꿈을 향해 같이 갈 동지들을 모으고, 내 편을 만들어서 여기까지 온 것이 도요샛입니다.

모든 출발은, 알고 싶다는 마음에서

그리스 신화의 이카로스의 이야기를 해보고 싶어요. 이카로스는 아버지의 경고를 무시하고 태양을 향해 높이 날아오를 만큼 모험심과 호기심이 강했고, 새의 깃털과 밀랍으로 날개를 만든 아버지 다이달로스는 공학자의 뇌를 가진 인물이었는데요. 우문입니다만, '이카로스의 가슴'과 '다이달로스의 머리' 중에 우주 미션을 수행하는 과학자에게 필요한 덕목은 무엇이라고 생각하세요?

과학 없이 공학만 가는 것은 멍청한 짓이고, 공학 없이 과학만 가는 것은 망상이죠. what과 how가 함께 가야만 합니다. what을 책임지는 게 과학science이고, how를 책임지는 게 공학engineering이에요. 둘이 따로 간다? 재앙입니다. what과 why가 맨 앞에 있는 게 맞고, how가 따라와줘야 해요. 근데 우리나라는 기형적으로 how만 먼저 가죠. 흔히들 연구개발, R&DResearch and Development라고 하잖아요. 우리나라에만 있는 개념이에요. 연구만 하고 논문만 쓰면 안 되고, 뭔가 상품을 개발하고 만들어서 그것이 얼마만큼의 경제적 효과를 창출하는지 설명할 것을 과학자들에게 강요한다고요. 무슨 말이냐면, 우주 환경을 이해하고 싶다거나, 오로라가 왜 생기는지 알고 싶다거나, 우주의 나이는 몇 살인지 알아내는 일에는 연구비를 받기가 거의 불가능하다는 거예요. 무조건 어떻게 도착할지만 중요하게 생각하죠. 그런데 미국 같은 우주 선진국은 그게 아니죠. "유로파에 물이 있다는데, 물 보러 갈까?" 이런 순수한 호기심으로 시작하기도 하거든요. 과학은 무엇을 '발견하고 싶다'라는 마음이 드는 게 가장 먼저예요. 뭘 찾고 싶다, 모르는 무언가를 알고 싶다는 마음에서 출발해야 하는데, 우리는 한 번도 그렇게 가본 적이 없어요. 거꾸로예요. 그걸 뒤집어보겠다고 지금 이 난리인 거죠.

도요샛은 과학자가 맨 앞에 서서 비전을 제시하고, 순수하

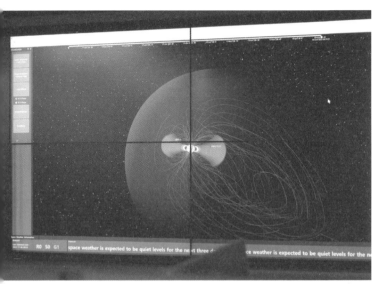

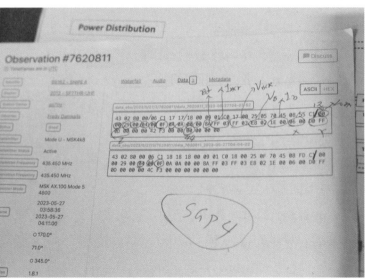

게 과학 연구 목적으로 위성 본체가 설계된 첫 번째 위성입니다. 그래서 되어야만 한다고 말씀드리는 거예요. 이런 시도가 성공하는 걸 보여주고 싶어서. 돈 되는 거 아니어도 좀 할 수 있게. 그래야 다음이 있으니까요.

듣고 보니 제가 우주를 너무 낭만적으로만 생각했던 것 같아요. 저에게 우주는 모든 것의 시원 같은 철학적 의미이거나 소설이나 영화 속의 배경이었거든요. 그런데 황정아 박사님께 우주는 구체적인 현실 같습니다.

바로 그게 차이점이죠. 제게 우주는 가볼 수 있는 '장소'입니다. 어디까지 갈까? 가려면 뭐가 필요할까? 짐은 뭘 싸야 할까? 연료는 얼마큼 싣고 가면 되겠군. 궤도는 이런 식으로 가면 되겠네. 길을 그려야겠군. 그리고 길을 그릴 수 있는 위치에 있죠. 궁금한 것이 있으면 그 지점에 직접 가서 관측하는 것을 현장 관측이라고 합니다. 난 내가 보고 싶은 지역에 위성을 갖다 놓을 수 있어요. 그걸 누가 할 수 있겠어요? 아무나 할 수 없는 일이에요. 그래서 전, 이 직업을 좋아합니다.

천문학의 우주와는 또 다르네요.

다른 이야기죠. 순수 천문학자는 우주에 갈 일이 없어요. 그분들이 보는 우주는 지금 이렇게 손에 잡히는 우주가 아니라 정말 멀리 있는 우주예요. 거기는 사람이 갈 수도 없고 뭘 보낼 수도 없어요. 지상에서 망원경으로 볼 수밖에 없는 우주, 별빛을 10광년씩 끌어당겨 점 하나 찍는 그런 우주입니다. 천문학자가 보는 하늘과 제가 보는 하늘은 다릅니다. 우주과학은 우리가 가볼 수 있는 우주를 다뤄요. 인간이 만들어낸 인공적인 물체 중에 지구에서 가장 멀리 나가 있는 게 뭘까요? 보이저 1호입니다. 지금 태양권계면을 넘어 인터스텔라를 향해 여행 중이에요. 달, 화성, 명왕성, 보이저까지 인간의 손때가 묻어 있는 물체가 우주로 나가 있는 곳, 거기까지가 우주과학의 범주입니다. 지상에 있는 망원경으로 끌어당겨서 보면 한 점으로 끝났을 모든 것이 인공위성을 보냄으로써 우리가 가볼 수 있는 장소로 실재하게 되는 거예요. 난 가볼 수 있는 우주를 원해요.

그러니까 우주에 가고 싶은 이유는 그 장소에 대한 궁금함이 크기 때문인 거죠?

궁금함이 첫 번째이죠. '가서 보고 싶다'가 큽니다. 그게 아니면 이렇게 힘든 일을 왜 합니까? 물론 제가 태어날 때부터 우주를 연구하고 싶었던 건 아닐 테고요. 이 분야를 공부하다 보니까 궁금한 게 생기고, 찾아보게 되고, 알면 알수록 호기심과 애정이 커지는 거지요. 모든 지식이 그렇게 커집

"꿈꾸는 사람이 없으면
일은 진행되지 않아요."

니다. 제 박사 학위 주제가 지구 자기권의 방사선대인 '밴앨런대'에 관한 것인데요. 20년 가까이 이 연구를 계속해올 수 있는 건 아직도 이 분야에 해결되지 않은 난제가 많기 때문이에요. '밴앨런대의 시작과 끝은 어디일까?' '어떻게 움직이는지 보려면 가서 관측을 해야 할 텐데….' '저기에 무언가를 갖다 놓을 수 있다면 좋겠군.' 이렇게 생각에 생각을 거듭하면서 현실적 방안들을 찾고 실행하게 되는 거죠.

제 이야기를 해보자면, 우주가 주는 신비로움은 분명히 있지만 그렇게 발품을 팔고 기를 쓰면서 가야 할 만큼 궁금했던 적은 없었네요.

그렇게 발품을 팔고, 기를 쓰고, 애쓰는 사람들이 과학자가 되는 거겠지요. 예를 들어 나는 미생물이 어떻게 되는지는 하나도 안 궁금해요. 그게 왜 궁금해? 난 안 궁금해. 근데 미생물학자들은 허구한 날 이놈의 세균이 어떻게 움직이는지 그것만 보고 있잖아요. 안 그렇습니까? 다들 궁금한 게 다를 뿐이에요.

아, 그건 또 안 궁금하시구나. 하긴 저도 4~6시간 분량의 인터뷰 녹취를 펼쳐놓고 원고를 구성하다 보면, 도저히 힘들고 어려워서 못하겠다 싶은 순간이 있거든요. 그럴 때는

혼자 묻죠. '내가 왜 이 일을 하고 있나?' 그런데 전 '궁금해 하는 그 인간들이 궁금해서' 하는 거더라고요. 그런 이유로 지금 우리가 이렇게 마주 앉아 있습니다. 각자의 궁금함 때문에.

그러니까 관심의 대상이 다를 뿐 시작은 호기심이죠. 사람은 궁금증이나 호기심 없이는 움직이지 않는다니까요. BTS가 궁금해야 BTS를 찾아볼 거 아니에요. 저는 그 궁금함이 여기에 닿아 있는 것뿐이에요. 나의 우주에.

방대한 태평양을 초보적인 수준의 뗏목으로 건너갔던 인류 초기의 조상들이 떠오릅니다. 수평선 너머를 상상하고 떠나게 하는 것은 호기심이라는 이야기잖아요.

그럼요, 맞아요. 제가 보기에 인간에게는 익숙한 공간을 떠나 다른 곳으로 가보고자 하는 탐험의 본성이 있는 것 같아요. 우주는 인간이 도전해볼 수 있는 마지막 남은 미지의 영역 아닙니까? 그러니까 자꾸 도전해보려고 하는 거죠. 그런 사람들이 맨 앞에 있으니까 기술의 진보가 있는 거예요. 그냥 이대로 여기에 산다면 지금 가진 것으로도 아무 부족함이 없겠죠. 그런데 우주에 나가야 하니까 점점 작게 만들어야 되고, 더 힘이 좋은 로켓, 더 성능이 뛰어난 카메라가 필요하고. 사실상 그 덕분에 지금 우리가 이렇게 누리고 사는 거거든요. 우주에서 필요해서 GPS 만들고 우주에서 필요해서 MRI 만들고, 우주에서 필요해서 전자기파로 오븐 만들었더니 지상에서 너무 편하게 쓰고 있잖아요. 과학은 기술의 도약을 돕는 방식으로 항상 인류에 기여해왔습니다.

황정아는 좀 튄다. 561명 정원의 KAIST 물리학과에서 박사 학위까지 간 유일한 여학생이다. 물리학 전공자가, 게다가 여성이 하드웨어 제작에 직접 참여한 경우가 드물던 시기에 우주과학 실험실을 택해 인공위성의 과학 탑재체를 만들었다. 낮에는 전자보드 하드웨어를 만들고 밤에는 지구 자기권 밴앨런대의 고에너지 입자에 관한 과학 연구 논문을 쓰는 생활이었다. 그때나 지금이나 한 사람의 과학자가 과학 데이터 분석과 엔지니어링을 겸하는 일은 극히 드문 일. 흔치 않은 과업을 수행하며 낮에는 실험실, 밤에는 기숙사를 오가느라 자신을 모델로 한 주인공이 등장하는 TV 드라마가 인기리에 방영 중이라는 사실도 몰랐다. 이공계 학생들의 생활을 다룬 드라마 〈카이스트〉에서 배우 강성연이 연기한 인공위성을 만드는 4차원 소녀 캐릭터의 모델이 바로 황정아다.

여성이 흔치 않은 분야에서 여성으로 생존하는 일은 존재 자체가 튀는 일인데, 하물며 그녀는 행동도 튄다. 시키는 일만 얌전히 하거나 길이 없다고 포기하는 스타일이 아니라는 말이다. 2009년부터 북극 항로를 통과하는 항공기의 우주 방사선 피폭 문제를 연구하여 2013년

'생활주변방사선 안전관리법'이 시행되는 데 큰 역할을 했다. 그녀의 활동을 곱지 않은 시선으로 보던 항공사의 비협조적인 태도에도 불구하고 항공기 조종사와 노조의 협력을 통해 우주선 피폭량을 측정할 수 있었다. 덕분에 그는 한 항공사의 블랙리스트에 이름을 올렸다.

황정아는 튄다. 튄다는 건 중력을 거스르는 일이다. 삶의 중력은 때로 우리를 주저앉히지만, 오히려 중력을 박차고 튀어오를 추진체가 되기도 한다.

왜 이렇게 남들 가지 않고 힘든 게 뻔히 보이는 길을 골라서 가시는 거예요? 속된 말로 자기 팔자 자기가 꼰다고도 하잖아요.

지금까지 제가 해온 결정들을 되돌아보면 선택의 기로에 있을 때 남들이 안 가는 길을 선택하는 경향이 좀 있어요. 그런데 남들 다 하는 건 별로 재미가 없잖아요. 한편으로는 독자적인 영역을 이어가고 있다는 자부심도 있고, 특히 제 분야에서는 여성이 드물기 때문에 희소성에 가치와 의미를 두는 것도 같아요.

일을 선택할 때 가치와 의미를 중요하게 생각한다는 이야기로도 들리는데요.

항공기 우주 방사선도 그랬고, 도요샛도 그랬고, 지금 이 일은 내가 해야만 할 것 같은 느낌이 들 때가 있어요. 반드시 누군가는 했으면 좋겠는데 아직 아무도 안 하고 있고 앞으로도 누가 안 할 것 같아, 나밖에 할 사람이 없어⋯ 하는.

'나밖에 할 사람이 없다'라는 말은 능력에 해당하는 건가요, 아니면 사명감인가요?

둘 다죠. 능력이 돼야 일을 가져올 수 있어요. 그 타이밍에, 그 능력을 갖춘 사람이, 그 일에 관심을 보여야 하는데, 그게 나야. 그럼 하는 거예요.

황정아 박사님을 대중에게 알린 것은 여성 과학자 호프 자런의 자전적 이야기를 담은 책 《랩 걸》의 한국어판에 쓰신 추천사였습니다. 책만큼이나 추천사가 화제가 되었던 것으로 기억해요. 여성 과학자들이 처한 현실을 "본능적으로 매 순간 긴장하면서, 상대방에게 약점을 드러내지 않도록 주의하면서, 늘 경계하면서 삶을 살아내야만 하는" 현실이라고 표현하셨죠.

여성 과학자로서의 정체성을 유지한다는 게 굉장히 어려운 일이에요. 대학원 때도 그랬고 중간 관리자가 된 지금도 그렇고, 희소성이 있는 분야에서 여성으로 일하는 만큼 잘 해내야 한다는 부담이 굉장히 큽니다. 여기서 내가 홍일점인

데 잘하면 그냥 남성만큼 하는 것이 되지만, 못하면 역시나라는 소리를 듣게 되거든요. 그냥 잘해서는 안 되고 그 이상으로 잘해야 한다는 거죠. 그래야 중간쯤 잘해 보여요. 매일 아침 전투 의지를 다지며 출근하고 있습니다.

소수자한테 암묵적으로 강요되는 말들이 있잖아요. "성소수자인 거 티 내지 마." "장애인이야? 돌아다니지 마." "직장에서 애 엄마인 거 표 내지 마." 우리 사회의 가혹한 일면이죠.

가혹하죠. "나 애가 셋이니까 좀 일찍 들어갈게"라고 말하는 게 자연스러워야 하는데 그런 걸 입 밖으로 낼 수 없는 사회라는 거잖아요. 남자 직원은 그렇게 해요. "오늘 내가 애 봐야 해서 먼저 들어갈게." 그런데 제가 말하면 '여성이기 때문에' 가 되니까 그런 말을 해본 적이 없어요. 그게 자연스럽고 수용되는 사회라면 말을 했겠죠

사람이 정체성을 계속 감추고 살 수는 없는 노릇인데 말이에요.

어렵죠. 그렇게는 유지가 안 돼요. 자기 자신한테 너무 피곤하니까.

그래서 저는 박사님이 쓰신 《우주날씨 이야기》와 《우주미션 이야기》의 책날개에 있는 저자 소개 글에 굳이 '세 아이의 엄마'임을 밝힌 것을 보고, '일종의 커밍아웃인가?'라고 생각했어요.

'나는 애 엄마다! 애 엄마이고, 애 엄마도 이만큼 일 잘 해낼수 있다! 엄마라서 이 사회에 대한 책임감을 더 느끼고 있다!' 사실 제가 세 아이의 엄마가 아니었으면 이렇게까지 열심히 움직이지 않았을지 몰라요. 내가 부딪히고 겪어온 한국 사회가 불합리하고 공정하지 못했기 때문에 내 아이들이 사는 세상은 지금보다 나아졌으면 좋겠다는 마음이 더욱 간절해요. 비록 도시락도 못 싸주는 엄마이고 입시에 도움이 되는 정보도 물어다 주지 못하지만, 그래서 내 아이는 모든 걸 혼자 해내야 하지만, 일하는 여성으로서 끝까지 내 자리를 지키며 우리 사회가 좀 더 합리적인 사회가 되도록 이 자리에서 할 수 있는 일을 하는 것이 아이들을 위한 길이라고 자기합리화를 하고 있죠.

너무 큰 사랑인데요. 온몸과 마음을 다 갈아 넣고 계시잖아요. 황정아 박사님의 아이들은 엄마가 이런 마음으로 최선을 다해 뛰고 있다는 사실을 알까요?

모르죠. 몰라도 돼요. 이렇게 피 터지게 살아야 하는 걸 몰라도 되는 사회였으면 좋겠어요. 아이에게는 아이가 느끼는 세상이 자기의 우주가 되겠죠. 나는 나의 우주가 있었듯이 내 아이의 우주는 이것보다는 조금 더 평온한 우주였으면 좋겠어요.

보이저호를 넘어서

준비하고 계신 다음 행선지는 어디인가요?

2025년 달에 도착 예정인 탐사선에 탑재할 우주 방사선 측정 장비를 만들고 있습니다. NASA(미국항공우주국)와 함께 태양과 지구 사이의 중력 안정점인 라그랑지안 L4 위치에 우주선을 쏘아 올려 태양에서 나오는 우주 방사선을 실시간으로 관측하는 프로젝트도 추진 중이에요. 이 프로젝트는 화성 유인 탐사 임무에 도움을 주기 위한 목적으로 진행되고 있어요.

그래서 결국 어디까지 가시게요?

제 대답은 늘 같아요. 'Beyond the Voyager!' 그런데 늙어 죽을 때까지 안 될 거예요. 제 연구 경력에서 첫 번째 인공위성은 2003년 러시아 바이코누르 우주기지에서 발사한 과학기술 위성 1호입니다. 묵묵히 자기 일을 하다가 지금은 동력이

꺼진 상태로 우주에 남아 있어요. 그리고 두 번째 위성인 도요샛을 얼마 전에 우주로 보냈어요. 첫 번째에서 두 번째까지 오는 데 20년이 걸렸다는 건 한 사람의 인생에서 우주 미션을 처음부터 끝까지 책임지고 해볼 수 있는 기회가 몇 번 안 된다는 뜻이에요. 그럼에도 불구하고 시작을 하겠다는 겁니다. 비록 나는 끝까지 가볼 수 없겠지만 내가 한 발이라도 디뎌놓으면, 내 후배는 거기서부터 출발하면 되니까. 내 후배가, 아니면 내 제자가, 아니면 내 아이가 가고자 할 때는 좀 더 수월하기를 바라는 마음으로 징검다리에 돌 하나를 더 놓겠다는 거예요.

명왕성으로 떠나는 뉴호라이즌스호에는 특별한 승객이 있었지요. 명왕성을 최초로 발견한 천문학자 클라이드 톰보의 유골 일부가 작은 평형추에 담겨 뉴호라이즌스와 함께 명왕성으로 떠난 것인데요. 이 일화와 함께 '너머$_{beyond}$'라는 말의 의미를 다시 생각해보게 됩니다. 너머라는 것은, 나 이전에 누가 있었다는 이야기이기도 하잖아요. '보이저'가 있기에 'Beyond the Voyager'를 꿈꿀 수 있는 것처럼요.

꿈꾸는 사람이 없으면 일은 진행되지 않아요. 실패하든 성공하든 먼저 하는 누군가가 있어야만 그다음이 있는 거예요. 제가 도요샛 같은 프로젝트를 맡을 수 있었던 것도 우리

위성 제작은 전자부 설계부터 기계 구조 제작까지
모든 과정이 수공업 방식으로 이루어진다.
최적의 완성품이 나올 때까지 깨뜨리고 새로 만들기를
반복하는 도자기 제조 방식에 비유할 수 있다.

나라 같은 불모의 환경에서 과학위성을 만들어본 지도 교수님과 선배님들이 있어서예요. 제가 뭐 하늘에서 뚝 떨어진 게 아니잖아요. 항상 감사하게 생각합니다. 마찬가지로 지금은 도요샛을 보고 희망을 느낀다는 후배들이 있거든요.

우주의 역사가 138억 년인데 인간은 길게 잡아도 100년을 살다 가요. 1년으로 환산하면 0.3초의 찰나인데 마치 영원히 살 것처럼 계획을 엄청 세우죠. 순간을 살면서 영원을 꿈꾸는 게 인간인데 내가 지금 뭔가를 해두면 뒤에 올 누군가가 한 단계 더 나아가서 다른 꿈을 꿀 수 있을 거예요. 그런 마음으로 하고 있는 겁니다.

밤하늘에 반짝이는 인공의 별들 중 최소한 두 개는 황정아가 쏘아 올린 별이다. 그러나 황정아는 그 별에 닿는 길은 한 사람의 노력과 인생만으로 도달할 수 있는 길이 아니라고 말했다. 나 이전에 있었던 누군가와 나 이후에 올 누군가의 마음이 되어 별까지 징검다리를 놓는 일이라고. 빙하가 녹아 새로 드러난 땅을 밟고 접근 불가이던 미지의 영역으로 걸음을 옮긴 조상들의 첫 발자국으로부터 보이저가 건너간 태양권계면 너머까지 이어지는 길고 긴 발자국이라고.

NASA에서 인공위성과 같은 우주 탐사 장비를 만드는 연구소인 JPL(Jet Propulsion Laboratory, 제트추진연구소)의 위성관제소에는 우주에서 작동하고 있는 모든 JPL 위성의 위치와 생존 기간을 보여주는 전광판이 있다.

'40년 331일 8시간 26분.'

황정아가 JPL을 방문한 2018년 7월 18일(22:55:50) JPL의 위성 운용판이 보여준 보이저 2호의 생존 기록이라고 한다. "숨 막힐 듯 감동적인 숫자들"이라고 황정아는 말했다. 당시의 감동을 들려주는 그녀의 목소리는 떨렸고, 나는 스태프들의 이름이 행렬을 이루어 끝도 없이 올라가는 스펙터클 영화의 엔딩 크레딧이 눈앞에 펼쳐지는 듯한 인상을 받았다.

그러니 이제 내게 밤하늘은 단지 별만 반짝이는 곳이 아니다. 우주를 향해 별을 쏘고 길을 만들어온 인류의 크레딧이다.

덧붙이는 이야기

황정아와 인터뷰를 한 것은 2023년 6월이었지만, 녹취를 정리해 원고 구성을 시작한 것은 그로부터 6개월이 더 지난 2024년 1월 초였다. A4용지 250여 쪽에 달하는 녹취록과 한창 씨름하고 있을 무렵 황정아가 국회의원에 출마한다는 소식을 인터넷 뉴스를 통해 접했다. 우주를 '나의 우주'라고 부르던 그녀가 연구 현장과 실험실을 떠나야 한다니. 등 떠밀었을 현실이 야속하고 슬펐다. 그러나 한편으로 황정아의 선택이 지금까지 걸어온 길과의 단절이 아님을, 다른 방식으로 우주로 가는 길을 놓기 위한 선택임을 알 수 있었기에, 다시 운동화 끈을 동여매고 있을 그녀의 모습을 그릴 수 있었다. 원고는 더디게 진행되어 당선 소식을 듣고 나서야 완성되었다. 짧은 이메일을 보냈다.

"여전히 가고 계십니까. Beyond the Voyager를 향해?"

아래와 같은 답장이 돌아왔다.

"이제 나는 내가 원래 살고 있던 우주가 아니라, 또 다른 우주에 진입하고 있습니다. 그동안 내게 익숙했던 사람들 규칙들과는 너무 다른, 완전히 새로운 세계입니다. 이 새로운 우주에서 나는 또다시 나만의 별을 만들고 있습니다. '희망'이라는 이름의 별을."

랩 걸
호프 자런 | 김희정 옮김 | 알마 | 2017

《랩 걸》은 식물학자 호프 자런의 자전적 이야기로, 식물을 사랑한 소녀가 인생의 반복된 시련 및 사회의 불공정한 편견과 맞서 싸우며 온 힘을 다해 큰 나무 같은 과학자로 자란 이야기를 담고 있다. 사람들은 이 책에서 무엇을 읽을까? 한 여성의 삶과 사랑, 과학에 대한 순수한 열정? 나무와 숲이 가르쳐주는 과학? 물론 모두 다일 것이다. 그런데 이 책은 좀 이상하다. 적어도 내게는 그랬다. 과학자인 내게는 전혀 과학적이지 않은 영락없는 '에세이'인데, 대중과 인문학자들은 '과학책'이라고 불렀기 때문이다. 희한하게도 그래서 많이 팔렸다. '아하, 그렇구나. 과학을 대중에게 이야기할 때는 대중에게 친숙한 언어가 필요하구나!'라는 깨달음이 찾아왔다.

《랩 걸》은 내 인생에도 전환을 가져온 책이다. 이 책의 추천사를 씀으로써 일만 하고 앉아 있던 실험실의 문을 열고 나가 대중을 만나 함께 호흡할 기회를 얻게 되었다. 라디오 출연, 칼럼 기고, 강연 등 부르는 곳이 있다면 가리지 않고 찾아간다. 혹자는 과학자가 연구는 안 하고 밖으로 나돈다고 비판할 수도 있겠다. 우주과학은 막대한 예산과 세금이 들어가는 일이다. 우주로 나가야 하는 이유와 필요에 대해 끊임없이 대중과 소통하고 지지를 얻어내는 것은 과학자의 임무이기도 하다.

자폐의 거의 모든 역사

존 돈반·캐런 저커 저커 | 강병철 옮김 | 꿈꿀자유 | 2021

864쪽에 달하는 벽돌책이다. 자폐의 역사를 다룬 책의 서평을 썼다고 말하면 대부분의 사람들이 '물리학자가 왜?'라며 의외라는 반응을 보인다. 일하는 엄마로 살아가며 아이들에게 시간을 많이 내주지 못한다는 부채감이 늘 마음 한편에 있기 때문에 자폐에 대한 편견에 맞서 새로운 역사를 쓴 엄마들의 이야기는 나의 이야기이자 세상 모든 엄마들의 이야기로 읽힐 수밖에 없었다.

자폐는 사회에서 격리하고 배제해야 할 몹쓸 병인가? 슬프게도 그랬다. 그뿐만 아니라 정상가족 이데올로기가 횡행하던 1930~1960년대만 해도 자녀를 충분히 사랑하지 않는 '냉장고 엄마'가 자폐를 불러일으킨다는 무지한 이론이 자폐인의 부모를 죄책감에 빠트리고 비난받게 했다. 자폐의 원인은 엄마 탓이 아니다. 아이들은 정상이다. 다르게 태어났을 뿐이다. 엄마들은 동맹을 맺어 자폐에 대한 잘못된 프레임과 맞서 싸웠고 의사, 교육자, 변호사, 작가 등 수많은 전문가 집단이 힘을 합쳐 마침내 자폐가 질병이나 저주가 아닌 인간 정신의 다양한 스펙트럼의 한 증상임을 설명하게 되었다. 거기에 걸린 시간이 무려 30년이다. 비정상이 정상으로, 불합리가 합리로 받아들여지기까지의 지난한 여정과 그 여정에 동참한 사람들의 노력을 보며 참 감사한 마음이 들었던 책이다.

그게 무슨 과학이냐는
질문 앞에서

커피화학자
이승훈

커피가 좋아 독일로 날아가 커피 박사가 되어 돌아온 화학자. 독일 브레멘의
야콥스대학교에서 커피의 성분 분석으로 박사 과정을 밟던 중 제1회 Home
Brewers Cup Bremen(2014)에서 우승을 차지하기도 했다. 커피와 티를
함께 다루는 잡지에 칼럼을 쓰고, 〈1분커피과학〉이라는 유튜브를 운영하고,
과학소통 오디션 〈필 더 사이언스〉(2022)에서 '지속가능한 커피'라는 콘텐츠로
우수상을 수상하는 등 커피를 통해 학계, 업계, 대중과 소통하는 데 관심이
많다. 서울대학교 화학공정신기술연구소의 책임연구원을 지냈다.

첫 잔은 핸드드립이다. 수동 그라인더에 커피 콩을 넣고 핸들을 돌리는 이승훈의 모습에서는 그 일을 좋아하고 자주 하는 사람 특유의 안정감과 들뜸이 동시에 느껴졌다. 내가 앉은 베란다 창가의 4인용 식탁은 그와 아내가 주로 모닝커피를 마시는 자리라고 했다. 반투명 커튼 사이로 들어오는 햇살이 좋다. 우리 사이에 말은 없다. 포트에 물을 끓이고, 끓인 물로 서버를 데우고, 필터를 올린 드리퍼에 커피 가루를 채우는 일련의 의식. 여기에는 이른 아침 그의 집 현관문을 두드린 방문객의 목적이 무엇이든, 지금 이 순간 세상에서 가장 중요하고도 긴급한 일은 직접 내린 커피 한 잔을 손님에게 대접하는 것이라는 무언의 신념이 깃들어 있는 듯했다.

갓 분쇄한 원두 위로 가는 물줄기가 원을 그리며 떨어진다. 적당히 물을 머금은 커피 가루가 몸을 부풀렸다 가라앉는 동안 공간을 채우는 커피 향에 차츰 대화와 말소리가 섞여 든다. 커피를 설명하는 이승훈의 말에서는 로스팅이나 산지, 카페인처럼 익숙한 단어 외에도 질량 분석기, 원자량, 폴리페놀 같은 낯선 용어들이 등장하곤 했다. 그도 그럴 것이, 이승훈은 커피를 연구하는 화학자다.

이승훈은 고려대학교에서 화학 전공으로 석사를 마치고 삼양그룹중앙연구소에서 신소재 개발팀의 연구원으로 재직하던 중 커피 연구를 위해 독일로 유학을 떠났다. 세계 최초의 디카페인 커피가 탄생한 도시 브레멘의 야콥스대학교에서 '콜드브루 커피 분석', '원산지에 따른 커피 품질과 성분의 상관관계', '커피 속 성분들의 비율로 보는 커피의 지표 성분' 등의 연구로 박사 과정을 마치고 한국으로 돌아와 커피 관련 연구를 지속하고 있다. 덧붙이자면 그는 유학 시절 브레멘의 지역 바리스타 대회에서 우승한 경력 또한 있다.

커피가 취미인 과학자는 많다. 홈카페를 즐기거나 마니아 수준의 장비와 지식을 자랑하는 이들도 종종 보았다. 세계 최초의 과학 학회인 영국 왕립학회Royal Society의 전신은 화학자 로버트 보일과 그를 따르는 무리들이 주축이 된 '옥스퍼드 커피클럽'으로 거슬러 올라가니 과학자와 커피는 제법 오래된 인연이기도 하다.

그렇다면 커피가 취미가 아니라 직업이 된 이승훈은 그 어렵다는 '덕업일치'에 성공한 케이스일까? 오래전에 본 영화의 제목을 빌려오자면 '지금은 맞고 그때는 틀리다.' 커피 프랜차이즈와 테이크아웃 문화가 한창 발달하던 2000년대에 대학을 다녔음에도 그가 즐기는 커피는 믹스커피가 유일했으니까. 그러다 남들보다 늦되게, 인생에서 처음으로 순수한 커피의 맛을 보았을 때, 2000여 종의 화합물이 만들어낸 복합적인 맛의 시너지에 그 안의 무언가가 반응했다. 인생의 방향을 바꾸어놓을 만큼 강렬한 화학 작용이었다.

갓 내린 커피 감사합니다. 함께 오신 촬영 감독님이 맛을 보더니, "커피가 원래 이런 맛이었구나!"라면서 시음 평을 해주셨어요. 맛있는 커피를 내리는 비법이 있으면 좀 알려 주세요.

커피를 맛있게 내릴 자신이 없다면 원두를 많이 쓰는 것도 한 방법이에요. 커피의 쓴맛에는 중후한 쓴맛과 날카로운 쓴맛이 있어요. 흔히 '끝맛'이라고 부르는 날카로운 쓴맛은 커피가 과추출될 때 많이 나오게 되지요. 훌륭한 바리스타라면 적은 양의 원두를 사용하되 끝맛은 줄여 맛 좋은 커피를 내릴 수 있겠지만 갈고닦은 스킬이 없다면 원두는 많이 넣되 마실 만큼만 내리는 방식으로 과추출의 확률을 줄일 수 있어요. 지금 맛보신 커피도 그렇게 내린 겁니다. 바리스타가 300원어치 원두 쓸 때 500원어치 원두 쓰면 돼요.

이승훈 박사님의 첫인상이 생각나요. 폭이 좁은 안경에 셔츠 단추를 목 끝까지 채워 입은 모습을 보고 '고지식하고, 선생님 말 잘 듣고, 공부 잘하는 모범생'의 이미지가 떠올랐어요.

사실 저는 공부는 잘하는데 재수 없는 캐릭터의 전형이었어요. 시험 성적이 잘 안 나왔다고 속상해하는 친구들을 보면 "너희가 공부를 못하는 건 노력을 안 해서 생긴 결과인데 왜 불평해?"라고 대놓고 말할 정도였으니까요. 지금 생각해보면 정해진 엘리트 코스대로 공부만 해서 성적은 상위권이지만 공감과 소통 능력은 부족했구나 싶어요.

할 줄 아는 게 공부고, 잘하는 게 공부였는데 그중에서도 화학이 제일 쉬웠어요. 여기에는 사연이 좀 있는데, 제가 승부욕이 강해서 지는 걸 싫어해요. 중학교 1학년 때 친구들이랑 끝말잇기를 하는데 이기고 싶잖아요. 마침 과학 교과서 표지 안쪽의 주기율표를 보니까 나트륨, 스트론튬, 지르코늄, 이리듐 등 '륨, 튬, 늄, 듐'으로 끝나는 이름이 많더라고요. 이거면 끝말잇기를 끝낼 수 있겠다 싶어 주기율표를 외워버리기로 작정했어요. 눈으로 보고 입으로 소리 내어 읽으며 통째로 외웠더니 어느 순간 주기율표가 이해되면서, 화학은 따로 공부를 안 해도 성적이 잘 나오더라고요. 덕분에 대학 전공도 자연스럽게 화학으로 이어지게 되었죠.

시키는 대로 열심히 공부한 대가로 명문 대학에서 대기업으로 이어지는 코스에 성공적으로 안착하신 거잖아요. 그런데 안정적인 직장을 두고 갑자기 커피로 방향을 바꾼 계

기가 있나요?

회사에 다닐 때 차세대 디스플레이에 들어가는 신물질을 연구했어요. 신물질이라면 정말 새로운 것이어야 하잖아요. 과학자로서의 아이디어와 영감이 필요한 일을 기대했는데, 실상은 기대와 다르더라고요. 기존 소재의 98%는 그대로 두고 나머지 2%를 다른 구조로 바꾸어 적용해보다가 우연히 좋은 결과가 나오면 대박이 나는 구조였어요. 혁신보다는 묵묵히 더 많이 해보는 사람이 이기는 판이다 보니 재미가 없더라고요.

무엇이든 새로운 자극이 필요했어요. 타로도 배워봤고, 마술과 풍선아트 자격증도 땄지요. 그러다 당시 유행하던 바리스타 학원을 찾게 되었는데, 선생님이 자격증 시험 보는 법은 가르쳐줄 생각을 하지 않고 맨날 커피를 내려주시는 거예요. 이것 좀 맛보라면서. '맛? 커피는 쓴맛이 다 아니야?'라고 생각했는데, 뜻밖에도 커피에 신맛은 물론 단맛까지 있는 거예요. 너무나 신기하고 놀라웠어요. 내가 모르던 세계가 여기에 있구나! 사실 저는 그때까지 믹스커피만 알던 사람인데, 카페도 아닌 학원에 가서 원두커피라는 걸 처음 맛보고 커피에 눈을 뜨게 된 거죠. 커피 연구는 주로 식품영양학자의 영역이지만 정통 화학자로서 커피 연구에 기여할 부분이 있으리라 생각했어요. 그렇게 해서 세계 최초로

천연물의 분석에 질량 분석법을 도입해 커피의 구조이성질체 분석에 성공한 화학자 니콜라이 쿠널트Nikolai Kuhnert 교수님이 계시는 브레멘의 야콥스대학교로 유학을 가게 되었습니다.

지금은 주로 어떤 연구를 하고 계시죠?

커피 속의 화학 성분을 분석합니다. 유행을 따라 새롭게 나오는 커피들이 어떤 성분을 가지고 있는지, 몸에 좋은 성분과 나쁜 성분이 얼마나 있는지 확인하는 일이 중요하거든요. 일례로 2010년 초반에 콜드브루가 더치커피라는 이름으로 우리나라에 처음 소개되었을 때 문제가 좀 있었어요. 저온에서 추출하는 방식이기 때문에 카페인이 없다며 '임산부 커피'라는 이름으로 마케팅을 했고, 심지어는 임산부가 하루 몇 잔씩 마셔도 괜찮다는 카피로 권유하는 일까지 있었지요. 실제로 콜드브루 커피 속 카페인은 차가운 물에서도 추출이 될 뿐 아니라, 커피의 종류나 상태, 입자 크기 등 추출 방식에 따라서 일반 커피보다 카페인 함량이 더 높게 나오기도 하는데 말이죠.

또 커피의 특정 성분이 몸에 안 맞아서 마시고 싶어도 커피를 못 마시는 사람들이 있어요. 카페인이 몸에 안 맞는 경우도 있고, 소화기에 문제가 있는 분들은 커피의 산도가 문제가 되기도 합니다. 이런 사람들도 걱정 없이 커피를 마실 수 있도록 커피의 가공이나 추출 과정에서의 성분 변화를 분석해 카페인을 필요한 만큼만 줄이거나 산도를 중성에 맞춘 커피를 찾아드리기 위한 방법도 연구하고 있습니다.

커피와 건강에 관한 정보를 접할 때면 마시라는 건지 말라는 건지 혼란스러울 때가 있어요. 어제는 커피가 건강에 해롭다는 기사가 뜨더니, 오늘은 꾸준히 커피를 마시면 특정 질병을 예방하는 효과가 있다는 뉴스가 나오는 식이죠.

같은 이유로 커피를 어떻게 마셔야 잘 마시는 거냐는 질문을 자주 받곤 해요. 그럴 때 제 대답은 '건강할 때 마시면 도움이 되고 건강이 나빠지면 독이 될 수 있으니, 건강할 때 많이 마셔라'입니다. 커피와 건강에 관한 역학조사 결과들을 보면 대부분 하루 서너 잔의 커피는 다양한 질병을 예방한다고 보고하고 있습니다. 고혈압을 예로 들어볼게요. 일반적으로 커피를 꾸준히 마시면 평상시 혈압을 미세하게 높이는 작용을 하기도 하지만, 순간 혈압의 상승 또한 조절해주기 때문에 고혈압에 의한 돌연사 예방 효과를 기대할 수 있어요. 그렇지만 이미 고혈압이 심하다면 커피를 마시는 것 자체가 위험할 수 있어서 자제해야 합니다. 결석 또한 마찬가지입니다. 카페인의 이뇨 작용은 결석 생성을 예방하는 효과가 있지만, 이미 결석이 있는 경우에는 결석을 더 키울 수도 있다고 알려져 있습니다. 커피는 같은 질병에 대해서도 건강할 때 마시면 예방이 되지만, 이미 그 질병이 있다면 병을 키울 수 있는 신기한 음료예요.

좋은 커피의 맛

저는 커피 맛에 까다롭거나 특별한 취향이 있는 소비자는 아니에요. 그러다 보니 커피 원두를 구매할 때면 시험 치는 기분이 들곤 해요. 산지, 품종, 로스팅, 향, 맛 등 정보가 많을수록 오히려 고르기가 어렵더라고요. 커피 원두를 쉽게 잘 고르는 팁이 있을까요?

일반적으로 소비자들은 커피의 첫 모습을 원두의 상태로 접하게 되는데요. 원두는 커피의 원재료인 커피나무 열매의 씨(생두)를 고온으로 볶아 로스팅한 것을 말해요. 커피 맛을 조절하는 데 있어 커피의 원재료, 로스팅, 추출은 모두 중요한 요소이지만 커피가 가질 수 있는 맛의 잠재력의 한계를 결정하는 것은 원재료입니다. 생두가 가진 맛이 최대 60점이라면 아무리 그에 맞는 로스팅과 추출을 하더라도 60점을 넘어설 수 없기 때문이지요. 그렇다면 로스팅과 추출은 상대적으로 덜 중요한가 하면 그건 아니에요. 로스팅과 추출은 원재료가 가진 최상의 맛에 0~1 사이의 값을 곱한다고 생각하면 되는데, 100점의 잠재력을 가진 커피로도 0점짜리 커피를 만들 수 있는 거니까요. 그만큼 좋은 원재료와 로스팅의 조건을 갖춘 원두를 고르는 일이 중요합니다. 좋은 원두를 고르는 기준은 여러 가지가 있지만 간단한 팁을 드리자면 이름이 길면 좋은 원두일 가능성이 높기는 합니다. 제가 아는 커피 중 '멕시코 치아파스 돈 라파 파체 내추럴Mexico Chiapas Don Rafa Pache Natural 2019 COE#2'라는 커피가 있어요. 이름 안에 멕시코 치아파스 지역의 돈 라파 농장에서 재배한 파체 품종의 내추럴 가공 방식 원두라는 정보가 들어 있습니다. 일반적으로 커피의 이름은 국가명, 지역명, 국가별 등급을 표기하는 것이 기본인데, 더 길어지는 경우는 대부분 커피 산지의 농장 이름이 들어가는 경우이고요. 자신의 농장 이름을 따로 명기할 정도라면 그만큼 자부심이 있다는 말이겠죠.

커피 과학자가 생각하는 맛있는 커피의 기준은 무엇인가요?
커피 맛에는 정답이 없습니다. 커피 성분과 맛의 직접적인 상관관계를 밝힐 수 있는 과학적 기준이 현재로선 없다는 뜻이에요. 커피는 탄수화물, 단백질, 지질 및 다양한 화합물들의 혼합물로 이루어져 있고 항산화 물질로 알려진 폴리페

놀류도 200종 이상이 확인되는데, 로스팅 과정에서 이들 화합물 간의 반응으로 약 2000가지 이상의 성분이 더해지게 되지요. 물론 각각의 성분이 어떤 맛과 향을 가지는지는 화학적으로 모두 분석이 되어 있어요. 그렇지만 이 성분들이 100개, 300개, 2000개가 합쳐지면 어떤 맛이 나올지는 아무도 몰라요. 커피의 맛과 향은 특정 성분으로 결정되는 것이 아니라 수천 가지 화합물들의 조합이자 시너지이고, 로스팅이나 원두의 분쇄 정도, 추출 방법, 물의 온도 등 순간순간의 조건에 따라 수시로 조합을 바꾸며 성분의 밸런스를 달리하기 때문이지요. 심지어는 날씨도 영향을 미쳐요. 더군다나 '맛'이라는 건 개인의 취향이잖아요. 같은 커피라 해도 기분에 따라 더 맛있거나 더 쓰게 느껴지기도 하고요. 그래서 저는 커피는 화학이 아니라 심리학이라고 말합니다.

그렇다면 좋은 커피는 어떤 커피인가요?

본인의 건강과 취향에 맞는 커피, 그리고 좋은 사람과 함께 마시는 커피죠.

두 번째 잔은 카페라테. 오후가 되어 카페로 자리를 옮겼다. 이승훈과 커피를 통해 인연을 맺은 이가 운영하는 곳으로, 남이 내려주는 커피가 고플 때면 가끔씩 찾는 곳이라고 했다. 주문한 카페라테에는 흰 우유 거품 위에 검은 커피로 그린 하트 문양의 라테아트가 띄워져 있었다. 커피와 우유가 만나 아트가 된 라테아트처럼, 이승훈은 커피를 만나 그가 알던 좁은 세상과 공감의 반경을 넓혀가는 중이라고 했다. 잠시 후 직원이 케이크와 디저트를 내왔다. 주문한 적이 없노라는 반응에, "사장님이 박사님 오시면 꼭 챙겨드리라고 했어요"라는 답이 돌아왔다.

모두를 위한 과학, 모두를 위한 커피

너무 예뻐서 먹기에 아까운 디저트인데요. 박사님 덕분에 저희도 덩달아 환대를 받게 되네요.

여기 사장님은 제가 대학에서 커피 특강을 했을 때 수강생으로 오셨던 인연이 있어요. 커피업에 종사하시는 분들이 커피에 대한 열정이 엄청나요. 항상 그분들에게 많이 배우지요. 지금도 카페쇼, 커피 앤 티 페어, 카페 앤 베이커리 페어, 커피 엑스포 같은 박람회가 있으면 빠지지 않고 다녀요. 새로운 커피 트렌드나 추출 방식을 찾아볼 수도 있고 원두 수입상이나 카페 운영하는 분들처럼 현업에 종사하는 분들도 다양하게 만날 수 있으니까요. 한국에서 최초로 라테아트를 시작하신 이승훈(동명이인) 선생님을 비롯해 커피 업계의 셀러브리티들을 실물로 처음 만난 곳도 다 그런 현장이에요. 처음에는 정말 무턱대고 아무 부스나 불쑥 들어가서 궁금한 거 있으면 물어보고 명함도 드리고 했는데, 한 5년째 이어오다 보니까 좋은 인연이 많이 생겼어요. 사실 현장에서는 과학적 지식이 필요해도 물을 곳이 없고, 과학에서는 일반 식품과 다른 커피만의 특성을 간과하는 바람에 기껏 설계한 연구가 연구를 위한 연구에 그치는 경우가 발생하기도 하거든요. 그런 면에서 화학과 커피라는 두 세계를 연결하고 다리를 놓는 역할을 한다는 포부와 자부심이 있어요.

커피 이야기를 하실 때면 눈이 반짝반짝 빛나세요.
하하. 제 어머니도 그렇게 말씀하시던데요. 사람이 진짜 좋아하는 일을 할 때는 정말 눈에서 빛이 나나 봐요.

박사님의 연구 중 눈에 띄는 흥미로운 주제들이 있었어요. 예를 들면 '달고나 커피는 몇 번 저어주어야 하는가?' 같은 것이요. 인스턴트 커피, 설탕, 물을 같은 비율로 넣고 손으로 저어서 두툼한 거품을 만들어 얹은 '달고나 커피'는 코로나 시기 집콕 아이템으로 등장해 BTS까지 챌린지에 가세하면서 세계적인 붐이 일기도 했었죠.
당시 몇 번을 저어야 하는지가 화제가 되기도 했었죠. 400번 저어 마시는 커피다, 깁스할 때까지 저어야 한다는 등 여

러 설이 분분했어요. 달고나 커피의 효율적인 교반 횟수에 관한 동질성 분석을 위해 100번, 200번, 500번, 1000번, 2000번, 3000번으로 나누어 실험을 진행했는데, 실험 설계 과정에서만 혼자 5000번을 저었어요. 아마 누가 그런 제 모습을 봤다면 바보 같다고 했을 거예요. 결국 실제 실험에서는 팔이 버티지를 못해 연구실 학생들의 도움을 받아야 했지만, 여러분은 저처럼 무식하게 하실 필요 없어요. 달고나 커피의 젓기 횟수는 2000회면 충분합니다. 그 이상을 넘어가면 유의미한 변화가 없어요.

'수원왕갈비통닭은 갈비인가 통닭인가?'와 관련한 연구도 있었습니다. 웃자고 한 이야기에 진지하게 달려드는 모습이 진귀하게 다가오더라고요. 진짜 궁금해서 해보신 거죠?

그럼요. 궁금하다는 게 가장 강력한 전제이죠. 독일에서 한국으로 돌아오는 길에 비행기에서 본 영화가 〈극한직업〉이었어요. 거기에 이런 대사가 나오죠. "지금까지 이런 맛은 없었다, 이것은 갈비인가 통닭인가?" 그런데, 물어만 보고 대답을 안 해주잖아요. 마침 커피의 향 분석을 연구하던 시기여서 향으로 접근해봤습니다. 그러니까 정확히는 왕갈비통닭의 향은 갈비의 향인가, 통닭의 향인가를 연구한 것이죠. 왕갈비, 왕갈비통닭, 양념통닭, 프라이드치킨 이렇게 네 종류의 치킨을 사서 향을 분석하고 주성분 분석이라는 통계 방법을 적용했는데요. 아무래도 같은 양념을 쓰는 왕갈비에 가깝지 않을까 예상했는데 뜻밖에도 양념통닭에 더 가깝다는 결론이 나왔어요. 왕갈비통닭의 향미에 영향을 많이 주는 성분이 기름과 마늘인데, 기름으로 튀기는 양념통닭의 향이 왕갈비통닭에 더 가까웠던 거죠.

이 실험에서 영감을 받아 지금은 AI와 데이터 분석을 커피의 성분 분석에 적용해 연구를 진행하고 있어요. 블랙박스처럼 그 안에서 어떤 일이 벌어지는지 모른다고 해도 결과치를 분석해 보여줄 수 있는 것이 AI니까, 지금까지 해결하지 못했던 커피의 성분과 맛의 상관관계를 밝혀볼 수 있지 않을까 하고 기대하고 있습니다.

달고나 커피도 왕갈비통닭도 재밌는 실험이긴 한데 한편으로는 '진지하지 못하다', '이런 것도 과학이냐?' 하는 반응도 있을 것 같아요.

"그런 게 무슨 과학이야, 그런 건 나도 할 수 있겠다"와 같은 반응이 나온다면 전 오히려 환영합니다. "그래, 이것도 과학이야, 그러니까 너도 과학할 수 있어"라고 이야기해줄 수 있으니까요. 노벨상이나 인류의 지적 진보를 이끄는 연구도 좋지만, 일상에서도 얼마든지 과학을 실천할 수 있다는 메시지를 전하고 싶거든요. 과학이란 사물을 객관적인 눈으로 바라보는 것이고, 그 말인즉슨 단순히 믿는다는 것에서 벗어난다는 뜻이죠. 누가 어떤 이야기를 했을 때 진짜가 맞는지 의심하고 확인하고 검증하는 것이 과학의 시작인 거예요. 한번은 시골의 작은 도서관에서 열리는 과학 강연에서 달고나 커피와 왕갈비통닭 연구를 소개했는데, "과학이 나와는 별개의 세상인 줄 알았는데, 주위의 사소한 것에도 과학이 있었다는 것을 알았다"는 쪽지를 받고 정말 반가운 마음이 들었어요.

가끔이라도 안정이 보장된 길을 두고 커피를 선택한 것에 대해 후회가 될 때는 없나요?

아직까지 계약직 연구자의 신분이라 불안은 있지만 후회는 없어요. 물론 안정을 바란다면 식품회사나 커피 업체에 취업을 할 수도 있겠지만, 그렇게 되면 또다시 특정 기업의 이윤을 위한 연구만을 해야 할 테니까요. 하고 싶은 연구를 하면서, 커피를 통해 업계나 대중과 소통할 수 있는 지금이 행복해요.

커피를 통해 박사님이 경험한 행복을 다른 사람들에게도 나누어주고 싶다는 마음이 전해집니다.

이승훈   97

독일에서 커피 연구를 하던 때를 떠올려보면 분명 내가 원해서 선택한 일이지만 늘 좋았던 것만은 아니었어요. 과학 실험이라는 것이 비슷한 일의 반복이다 보니 지루할 때도, 지치는 순간도 많았죠. 그런데 그 와중에 행복했던 순간은 실험실에서 동료들과 커피를 마시며 이야기를 나누던 시간이더라고요. 제게 항상 "승훈, 네가 타준 커피가 제일 맛있어"라고 말해주던 인도 출신의 친구가 생각나네요. 초콜릿을 연구하던 친구인데, 자기 나라에 돌아가서는 엉뚱하게도 초콜릿이 아닌 커피 회사에 취직해서 잘나가고 있어요. "내가 네 인생 바꾼 거 알지?"라고 농담을 주고받기도 해요. 그렇게 동료들에게 손수 커피를 내려주고, 커피 맛을 음미하는 그들의 표정을 바라보는 것이 좋았고, 커피 한 잔에 대화나 분위기가 한결 부드러워지는 것을 매번 경험했어요. 저에게는 커피 한 잔의 가치와 내가 하는 일의 의미를 찾을 수 있었던 시간이었죠.

그렇다면 이승훈 박사님이 커피를 연구하는 궁극의 의미는 무엇인가요?

누구든 원할 때 자신에게 맞는 커피를 마실 수 있고, 커피를 마심으로써 좋은 시간, 좋은 만남, 좋은 마음을 경험할 수 있도록 돕는 것, 그것이 제가 커피를 연구하는 궁극적인 목적이자 의미입니다.

세 번째 잔은 콜드브루다. 냉장고 문을 열고 음료수 칸에 있는 검은 액체가 든 플라스틱 병을 꺼낸다. 병에는 '2023. 5. 17.'라는 손 글씨 라벨이 붙어 있다. 인터뷰가 있기 전날 무려 12시간에 걸쳐 추출했다는 콜드브루를 선물로 건네며 이승훈은 '집에 가자마자 냉장고에 넣어라', '며칠 숙성하면 그 맛도 괜찮다', '개봉 후에는 5일 이내에 마셔라' 등등의 당부를 늘어놓았다. 하룻밤을 고아 비닐에 꽁꽁 얼려둔 곰국을 손에 들려 보내던 친정엄마의 마음 같은 것이 느껴지는 싫지 않은 잔소리였다.

아끼는 잔에 콜드브루를 5분의 1만큼 채우고 포트에 물을 올린 후 책장에서 오늘 읽을 책으로 라우라 에스키벨의 《달콤 쌉싸름한 초콜릿》을 골랐다.

양파 향이 진동하고 수증기가 자욱한 부엌 한가운데서 태어난 티타에게 부엌은 강요된 숙명이자 억압받은 감정을 표출할 수 있는 마법의 공간이다. 영혼을 다해 다지고 휘젓고 끓이고 장식한 티타의 요리를 맛본 이들은 맛과 향뿐 아니라, 음식에 흘러 들어간 그녀의 감정에 전염되어 격렬한 마음의 동요를 경험하곤 한다. 첫사랑 페드로와 친언니의 결혼식에 내어놓은 차벨라 웨딩케이크의 맛은 하객들로 하여금 밀려오는 옛사랑의 상념에 홀로 조용히 울 곳을 찾게 하고, 주현절에 끓여낸 뜨거운 초콜릿 한 잔은 어린 시절의 향수와 행복의 감각을 불러일으킨다.

슬픈 웨딩케이크와 향수에 젖은 초콜릿이라니. 소설의 이미지와 장면들에 마음이 홀릴 때면, 읽는 것을 잠시 멈추고 행간에 머무를 필요가 있다. 티타의 요리가 그랬던 것처럼, 이 시간을 충만한 감정으로 채워주는 것은 방금 뜨거운 물을 채운 콜드브루 한 잔이다.

이승훈을 만나 한 잔의 핸드드립과 한 잔의 카페라테, 한 잔의 콜드브루를 선물받았다. 하나의 정답을 찾는 데 능숙했던 그는 정답이 없는 커피의 맛에 매료되었고, 그로부터 행복과 공감의 가치를 발견했다고 했다. 그러니 커피는 화학이 아니라 심리학이라고. 커피와 사랑에 빠진 이의 인생에 대한 성찰이자 과학자의 멋진 자기부정이 아닐 수 없다.

민음사 〈세계문학전집〉 시리즈

인생에서 책을 가장 많이 읽었던 때는 중고
교 시절인데, 실은 대개가 교과서와 문제집
이었다. 문학작품 역시 '서울대 추천 도서
100선'에 나오는 작품들을 수험생을 위한
요약본으로 읽거나 문제집의 지문으로 접
했을 뿐이다. 시험을 위해서는 대략의 줄거
리를 읽고 필요한 암기를 하는 것으로도 충
분했으니까. 감상을 묻는 시험 문제는 없지 않은가.

그러다 회사에 다니며 내가 진짜 하고 싶은 일이 무엇인지 고민하던
시절, '진짜 책'을 구입해 읽기 시작했다. 괴테는 알지만 정작 괴테의
작품을 읽은 적이 없고,《로미오와 줄리엣》의 줄거리는 빤하지만 실제
로 읽지는 않았다는 자각과 함께 민음사의 〈세계문학전집〉을 한 권씩
섭렵해나갔다. 50권쯤 읽으니까 소설들의 내용이 뒤섞여버리는 부작
용이 있기는 했다.《수레바퀴 아래서》에서 한스가 사귄 사람이 로테였
나, 하는 식이다. 그 시절의 독서가 인생에 어떤 뚜렷한 영향을 주었다
고 확언할 수는 없다. 그렇지만 내가 맞고 너는 틀렸다는 식으로 세상
을 대하던 내가 상대의 의견을 귀담아듣고, 대안을 제시하고, 설득할
줄 아는 사람으로 성장하던 시기는 〈세계문학전집〉과 함께 커피의 맛
을 알아가던 그 무렵이다.

다시 태어난 반 고흐
우진 | KW북스 | 2020~2022

반 고흐가 '고훈'이라는 청년으로 이 시대에 다시 태어나, 미술사를 공부하며 작품활동을 하는 내용의 웹소설이다. 미술은 잘 모르고 흥미도 없는 분야였지만《다시 태어난 반 고흐》를 통해 미술과 반 고흐에 대해 관심을 가지게 되었다.

나는 커피를 연구하는 화학자이다. 커피를 연구하기 때문에 누릴 수 있는 특혜와 즐거움은 커피라는 소재가 대중의 관심 영역과 겹친다는 점이다. 그러다 보니 어떻게 하면 과학과 과학적 방법론을 대중에게 쉽게 전달할 수 있을까를 늘 고민하게 되는데,《다시 태어난 반 고흐》는 예상외로 좋은 롤모델이 되어주었다. '미술'과 같은 순수 예술이 '웹소설'이라는 형식을 통해 대중에게 친밀하게 소개되고 확산될 수 있다는 점에서 강한 인상을 받았다.

코스모스의 관점에서
우리 자신을
바라본다는 것

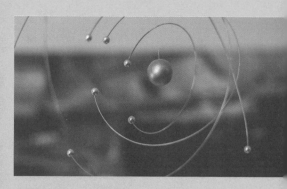

실험물리학자
고재현

서울대학교 물리학과를 졸업하고 KAIST 물리학과에서 석사 및 박사 학위를
받았다. 일본 쓰쿠바대학교 연구원과 삼성 코닝주식회사 책임연구원을 거쳐
현재 한림대학교 반도체·디스플레이스쿨에서 '디스플레이 및 응집물질 분광학'
연구실을 운영하고 있다. 한국물리학회 〈새물리〉 편집위원장, 한국광학회
〈한국광학회지〉 편집위원장, 한국정보디스플레이학회 광원연구회 회장을
지냈으며, 디스플레이 광학과 조명, 응집물질 분광학 등 빛의 응용과 관련된
연구를 수행한다.

오늘은 다니카와 슌타로의 시 〈이십억 광년의 고독〉을 읽다 무릎에 얼굴을 묻고 잠시 울고 싶어졌다. 시인은 말했다. "만유인력이란 서로를 끌어당기는 고독의 힘"이라고. 그렇지만 "우주는 점점 팽창해간다"고. 각자의 우주에서 서로를 원하지만 계속 팽창하는 우주라니. 공간의 광막함을 가로질러 빛의 속도로 가더라도 나를 부른 우주는 언제나 계속 더 멀어져 있을 테다. 시인은 이를 "이십억 광년의 고독"이라 불렀다. 이십억 광년의 고독에 갑자기 재채기를 했노라고. 그것은 우주를 의식하며 우주 속에 살아 있다는 감각일까?

과학자가 쓴 책이나 글에서도 시적인 순간을 맞이할 때가 있는데, 그럴 땐 밤하늘에 펼쳐진 시원을 향해 아득한 시선을 던지게 된다. 이를테면 이런 문장.

공간의 광막함과 시간의 영겁에서
행성 하나와 찰나의 순간을
앤과 공유할 수 있었음은 나에게 하나의 기쁨이었다.[*]

시인은 시를 짓는 것으로 코스모스와 교류한다면, 과

---

[*]   칼 세이건, 《코스모스》, 홍승수 옮김, 사이언스북스, 2004

학자는 우주의 역사 속에서 인간이 어떻게 나를 의식하고, 20억 광년의 고독을 느끼며, 시를 쓰는 존재로 진화할 수 있었는지 질문한다. 과학, 그중에서도 물리학은 공간의 규모로는 원자보다 작은 미시의 세계로부터 우주 전체를, 시간의 범위에서는 빅뱅으로부터 먼 미래의 우주까지를 하나의 이론으로 설명하고자 하는 학문이다. 하지만 원자는 너무 작고 우주는 너무 넓어서 직접 볼 수도 닿을 수도 없는데 어떻게? 고재현은 "빛으로!"라고 말한다.

나뭇잎, 책상, 바위, 꽃 등 다양한 사물에서 출발한 빛은 우리 눈에 시각의 형태로 세상에 대한 정보를 전달해준다. 우주의 초기부터 존재해왔던 빛은 우주 탄생과 진화에 대한 단서를 담고 있으며, 물질의 내부에서 벌어지는 원자와 분자의 움직임을 연구하는 중요 수단이기도 하다. 우리를 "공간의 광막함과 시간의 영겁"으로 데려다주는 메신저는 바로 빛이다.

고재현은 춘천에 자리한 한림대학교 반도체·디스플레이스쿨에서 '디스플레이 및 응집물질 분광학' 연구실을 운영하고 있다. 물질이 흡수 또는 복사하는 '빛'의 스펙트럼을 분석해 액체나 고체 같은 물질의 내부를 탐색하여 밝히는 기초 연구와 OLED, QLED, 양자점 조명 등 '빛'을 응용한 광학 소자의 구조를 연구한다. 빛의 현상과 응용을 다룬 여러 권의 저서 중 《빛의 핵심》, 《빛 쫌 아는 10대》처럼 제목에 직접적으로 '빛'을 언급한 책만 두 권이 되니, 그의 별명이 '빛 박사'인 것이 이상하지 않다.

'빛'은 실험실 안이나 책 속에만 머물지 않는다. 고재현은 집에서 캠퍼스까지 이어지는 5km의 길을 걸어서 출퇴근하며 길 위에서 목격한 자연과 하늘, 빛의 현상을 사진으로 찍어 SNS에 공유하고 있다. 봄의 연푸른 초록 잎, 여름의 무지개, 가을의 단풍과 겨울 소양강 변에 핀 나무 서리 등 사계절의 빛은 그에게 우주를 향해 열려 있는 자연의 실험실이자 서재다.

시인이 아닌 물리학자는 코스모스를 어떻게 사유할까? 그의 서재에 꽂힌 책들을 구경하고, 매일 걷는 산책길을 함께 걷고 싶다고 인터뷰를 청했다. 연구실을 겸한 고재현의 서재는 한쪽 벽면 전체를 차지한 책장 외에도 책이 늘어날 때마다 임시변통한 듯한 간이 책상과 2단 혹은 5단 책장이 가벽이 되어 좁은 복도를 이루고 있었다. 미로같이 복잡한 통로를 통과하면 은빛 프레임의 원자 모형 모빌이 달에 착륙한 아폴로 11호의 포스터를 배경으로 반짝이고 있다. 그러니까 이야기는 원자로부터 시작한다.

과연 물리학자의 서재답습니다. 원자 모형 모빌이 단연 눈에 띄네요. 지구본도 크기별로 다양하게 보이고요.

그 모빌은 보통 모빌이 아니에요. 닐스 보어의 원자 모형 탄생 100주년을 기념해서 나온 모델이거든요. 양자역학 초기 모델의 기초를 확고히 다진 물리학자 닐스 보어가 태어난 덴마크의 '닐스 보어 연구소'가 직접 디자인에 참여한 거라 의미가 깊죠. 보는 순간 안 살 수가 없었어요. 저기에 딱 걸려 있는 걸 보고 있으면 물리학에서 양자역학이 태동하던 20세기 초로 연결되는 기분이 들어요. 지구본은 제가 지구를 좋아해서 모은 것이고요.

물리학에 대한 애정이 진하게 느껴지는데요. 그럼 박사님의 1순위는 지구인가요, 원자인가요?

지구는 원자로 구성돼 있으니까 같은 거죠. 빅뱅 이후 38만 년 정도가 지나 우주가 점차 식으면서 수소와 헬륨 같은 가벼운 원자가 먼저 만들어지고 이들이 뭉쳐 별과 은하가 탄생했어요. 태양계가 만들어진 건 빅뱅 후 92억 년 정도가 지나서인데, 태양 이전 세대의 초기 별들이 최후를 맞아 초신

성으로 폭발할 때 별들의 내부에서 만들어낸 무거운 원소들이 우주 공간에 흩뿌려지며 새로운 별과 행성의 재료가 되었다고 하죠. 우리가 경험하는 모든 물질과 물질의 재료가 되는 원자는 우주의 탄생과 별들로부터 온 거예요. 지구와 우리 몸속에 있는 가벼운 원소에는 빅뱅의 흔적이, 무거운 원소에는 초신성 폭발과 같은 우주의 격렬한 역사가 새겨져 있다고 할 수 있지요.

"모든 것은 원자로 이루어져 있고, 우리는 별먼지다"라는 물리학의 설명을 들으면, 나라는 존재는 점묘화로 그려진 세상 속의 한 점 같다는 생각이 들곤 해요. 한번은 산책하다가 어느 집 문밖에 내놓은 화분을 보았어요. 하필 빛이 안 드는 응달이었는데, 빨간 꽃 한 송이가 주변의 가능한 빛은 모두 끌어당긴 듯 빛나고 있는 거예요. 순간 이 세상에 꽃과 나만 존재하는 듯했고, 서로가 대등하다는 생각이 들었어요. 우주라는 점묘화 속의 한 점이라는 면에서요.

그 꽃을 피운 식물과 작가님의 DNA도 대략 30%는 같을 거예요. 식물과 우리 인간이 진짜 비슷해요. 바나나랑 인간의 DNA도 약 50~60% 정도 일치한다고 하죠. 입자의 면에서도 그렇습니다. 우리 몸을 구성하는 원자나 책상을 구성하는 원자나 다른 게 없고 우리 몸속의 원자들이 주고받는 상호작용이나 바위 속의 원자들이 주고받는 상호작용도 완전히 같거든요.

한편 동일한 물리법칙의 지배를 받으면서 인류는 어떻게 이렇게 특수한 원자의 배열로 생각하고 걷고 말하는 존재로 진화했는지, 더 나아가 스스로 우주의 비밀을 조사하고 밝히는 단계까지 이르게 되었는지. 이 역시 너무나 신기한 주제죠.

소년, 코스모스를 만나다

산소, 탄소, 수소, 질소와 같은 원소들의 조합이면서 생각하는 별먼지로 진화한 인류는 숙명적으로 세상은 무엇이며, 우리는 어디에서 와서 어디로 가는가 하는 질문을 마주하게 된다. 소년 고재현은 일찍이 잉크와 종이 분자로 이루어진 책의 세상에서 그 답을 찾으려 했다. 〈소년중앙〉에 매달 실리는 SF 단편은 보이지 않는 세계 이면에 대한 상상력을 자극했고, 방문 판매원에게 구입한 벽돌 두께의 세 권짜리 백과사전 전질을 무작위로 펼쳐 읽는 것으로 지식의 목마름을 달랬으며, 멀리 버스를 타고 교보문고에 들러 하나둘씩 사서 읽던 세계명작소설은 그가 살아보지 않은 삶으로 연결되는 다중우주의 세계였다. 그렇게 성인으로 나아가는 길목에서 인생의 궁극적 의미를 찾기 시작한 소년은 점점이 흩어져 있던 흐릿한 질문들을 하나의 질서로 재편하는 운명의 책을 만나게 된다. 고재현의 서재에서 가장 오래된 책, 《코스모스》가 그 주인공이다. 서지에는 '1981년 4월 5일 초판 발행, 1983년 1월 15일 18판 발행'이라는 정보가 찍혀 있었다.

《코스모스》 초판본을 고재현 박사님의 서재에서 보게 되다니요. 개인적인 역사와 의미도 남다를 것 같아요.

제가 이 책을 산 게 중학교 3학년 때예요. 1980년대 초에 〈코스모스〉라는 다큐멘터리와 책이 연이어 나왔는데 그 시절 〈코스모스〉를 보고 자라 과학자가 된 세대를 '코스모스 키드'라고 부를 만큼 선풍적인 인기였죠. 집에 TV는 한 대인데 채널의 주도권은 아버지, 그다음이 형, 마지막이 제 순서이다 보니 다큐멘터리를 끝까지 다 본 적이 없어요. 그래서 부모님을 졸라 무려 3900원이라는 거금을 주고 책을 사서 정말 열심히 읽었어요. 지금은 새로운 번역판과 영문판, 각각의 전자책까지 포함해 총 5권의 《코스모스》를 가지고 있지만 아무래도 첫 책에 대한 애틋함이 있지요. 보면 제가 이런 걸 다 적어두었더라고요. (고재현은 오래되어 빛이 바랜 보라색 속지 위에 꾹꾹 눌러쓴 앳된 글씨를 손가락으로 더듬어 읽었다.) "저에게는 정말 소중한 책입니다." 그 위에 집 전화번호까지 써둔 거 보세요. 혹시 분실할 경우를 대비해서 책을 찾아달라는 부탁을 남겨놓은 거예요. 그 조그만 중학생이 말이에요.

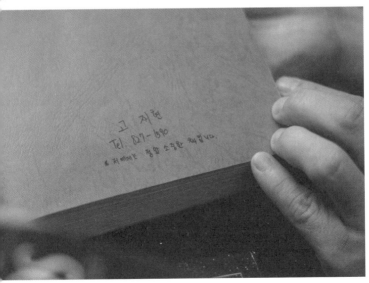

중학생 고재현이 《코스모스》를 읽으면서 특별히 감동했던 이야기는 어떤 것일지도 궁금해지는데요.

지금도 《코스모스》 하면 딱 떠오르는 페이지가 있어요. 칼 세이건이 동료 생물학자와 함께 목성에 살 법한 생물체들의 모습을 상상도로 재현해놓은 장면이에요. 목성은 기체 행성이라 디디고 설 땅이 없으니까 기체 위를 떠돌아다니며 사는 생명체들의 모습을 생물학적·화학적 맥락에서 제시했던 건데, 그 모습이 너무 신기해서 한참을 뚫어져라 보고 있었던 기억이 납니다. 사실 《코스모스》는 중학생이 읽기에는 어려운 책이라 내용은 반의반도 이해하지 못했다고 봐야죠. 그렇지만 과학적 상상력을 자극하는 사진과 이미지들을 통해 일상적으로 살아가는 삶 말고, 학교나 집 그런 거 말고, 훨씬 더 큰 세계가 있다는 데 대한 일체의 호기심과 궁금증을 키우게 되었던 것 같아요.

《코스모스》라는 책을 통해 촉발된 세계의 비밀에 대한 호기심과 갈증을 어떻게 해소할 수 있었나요?

마침 사춘기이기도 했잖아요. 하루는 길을 걸어가는데 나라는 존재가 너무나 궁금한 거예요. 책에 보면 빅뱅이라는 게 있다고 하는데 나의 이전으로 쭉 거슬러 올라가면 도대체 어디까지 간다는 건지, 내가 왜 이 세상에 나온 건지, 죽으면

난 어떻게 되는 건지…. 지금이야 죽으면 미생물들이 분해해서 우주 속에 원자로 흩어진다는 것을 알지만, 그때는 궁금해서 미칠 것 같았어요. 자꾸 생각하다가는 정말 미치는게 아닌가 싶었다니까요. 학교에서 배우는 과학으로는 충족할 수 없다 보니 대신 책을 많이 사모았던 것 같아요. 전파과학사라는 출판사에서 국내외 과학 서적을 문고판으로 펴낸 시리즈가 있었는데, 손바닥만 한 책이 한 권에 450원 정도라서 중학생의 용돈으로 감당할 만했어요. 조지 가모프의 《물리학을 뒤흔든 30년》을 비롯해 과학자의 꿈을 키우는 데 버팀목이 되어준 책들이지요. 《코스모스》가 과학자의 꿈을 쏘아 올리는 1단 로켓이었다면 중고등학교 시절에 읽은 문고판들은 2단, 3단 로켓이었다고나 할까요. 지금 생각해도 전파과학사 사장님은 참 고마운 분이에요.

갈 수 없는 곳을 보는 법, 빛

《코스모스》일화만 들으면 왠지 천문학자를 꿈꿔야 했을 것 같은데, 물리학을 하고 계세요.

물리학과에 입학할 때는 사물의 근본적인 이치를 밝히는 학문인 물리를 먼저 공부한 후에 천문학으로 이어가겠다는 포부가 있었어요. 그런데 제 한계를 너무 빨리 알게 된 거예요.

대학 입학 후 첫 수학 시험에서 저를 포함한 대부분의 신입생이 110점 만점에 60점 정도를 받았어요. 나름대로 전교 1, 2등을 다투던 학생들의 평균이 60점으로 나온 건데, 그 와중에 만점을 받은 소수의 몇 명이 있더란 말이죠. 천재는 따로 있구나, 나의 사고는 지극히 평범한 수준이라는 좌절감이 대학 4학년 때까지 이어지더라고요. 받아들이고 나니 이론물리나 천문학보다는 고체 물질을 연구하는 실험물리 쪽으로 방향을 잡게 되었어요.

제가 연구하는 기초 물리 분야는 응집물질 분광학인데, 물질의 내부를 본다는 재미가 있습니다. 고등학교 때 한창 원자와 분자의 세계를 다루는 양자역학에 빠져 지냈던 적이 있어요. 세상은 모두 원자로 되어 있다는데, 내가 한없이 작아진다면 어떻게 될까 하고요. 먼지보다 더, 바이러스보다 더 작아진다면 원자가 나에게 어떻게 보일까 상상하곤 했는데, 제 실험실에 있는 장비로 보는 것이 바로 원자와 분자가 활동하는 물질의 내부거든요. 원자나 분자는 자신만의 고유한 에너지 구조를 갖고 있어서 특정 색깔의 빛만 흡수하거나 방출할 수 있어요. 세상에서 가장 단단한 물질인 다이아몬드로 만든 특수한 압력 장치를 이용해 머리카락 굵기 정도의 작은 방을 만들어 그 속에 시료를 넣고 레이저를 쏘아 산란되는 빛을 파장이나 색깔별로 분류해 분석하면 특정 압력이나 조건에서 물성이 겪는 변화를 분석할 수 있지요. 일반적인 유리뿐 아니라 아스피린과 같은 약제 물질의 유리, 구조 유리 등 원자나 분자가 무질서하게 배치된 유리나 유리의 성질을 보이는 물질들이 주 연구 대상입니다.

원자나 분자는 너무 작아서 일상적인 감각으로는 닿을 수 없는 세계인데, 빛을 통해 가볼 수 있다는 사실이 흥미로워요.

그래서 저는 '빛은 자연과 우주를 이해하는 창'이라고 이야기합니다. 빛은 인간이 도달할 수 없는 영역으로 우리를 데려다주는 존재예요. 우주는 온갖 항성과 은하가 내뿜는 빛으로 가득 차 있고, 그 빛을 포착해 분석하면 인간이 직접 가볼 수 없는 은하와 별에 대해 더 많은 것을 알 수 있어요. 제임스웹 망원경 같은 경우 외계 행성을 통과한 별빛을 이용해서 수백 광년 떨어진 외계 행성의 대기를 구성하는 기체 성분들을 알아내기도 했지요. 그뿐만 아니라 지구나 행성 내부를 연구하는 데에도 분광 기법이 유용하게 쓰여요. 예를 들어 지구 맨틀이나 외핵을 이루는 성분을 다이아몬드 사이에 넣고 눌러서 지구 내부의 압력을 구현하게 되면 지구 중심부에서 어떤 일이 벌어지는지를 실험실에서 직접 확인할 수 있죠. 이를 확장하게 되면 토성이나 목성을 직접 가

지 않고도 행성 내부에서 어떤 현상이 벌어지는지를 연구할
수 있다는 이야기이고요.

**외계 행성이나 지구의 내부에 비한다면 박사님께서 주로
연구하는 '유리'는 다소 일상적이고 평범한 소재로 다가오
는데요. 어떤가요, 소년 시절 《코스모스》를 읽으면서 느꼈
던 우주에 대한 호기심과 흥분, 설렘을 지금의 연구에서도
발견하시나요?**

그럼요, 미스터리니까요! 유리는 과학자들이 아직까지 풀지

못한 미스터리의 영역이에요. 고체, 액체, 기체와 같은 대표적인 상phase을 갖는 물질에 대한 이해와 비교하면 유리의 성질에 대해서는 과학적으로 제대로 이해하지 못하고 있고 밝혀진 것도 크게 없어요. 창유리를 만지면 고체와 다를 바 없이 매우 딱딱하죠. 그럼 유리는 고체일까요? 고체는 원자 배열이 규칙적인 특성을 갖는데, 유리를 확대해서 보면 그러한 고체의 일반적인 특성이 보이지 않아요. 오히려 흡사 액체 속에서 복잡하게 움직이는 원자와 분자들의 순간을 스틸 샷으로 고정해놓은 듯한 모습이죠. 그럼 물이나 유리를 녹인 유리물이나 똑같은 액체인데 왜 온도를 낮추었을 때 유리는 얼음과 같은 고체가 아닌 고체의 강도를 가진 이상한 물질이 되는가가 굉장한 미스터리거든요. 그만큼 어렵기 때문에 유리 물질들의 보편적 특성을 파악하고 이를 설명할 수 있는 이론을 구축하는 것이 21세기 물리학의 중요한 과제 중 하나입니다.

유리를 미스터리라고 생각해본 적이 없는데 방금 제 세계에 미스터리 하나를 더해주셨어요. 이 연구실만 해도 정면에 창이 있는데, 그럼 저희는 지금 미스터리 안에 들어와 있는 거네요.

맞습니다. 창유리뿐 아니라 휴대폰 액정이나 디스플레이,

전등도 외관은 다 유리잖아요.

유리의 성질을 몰라도 유리 제품을 만들고 사용하는 데는 전혀 문제가 없는데, 그럼에도 과학자들이 유리라는 문제에 천착하는 이유는 뭘까요?

그 답은 제가 읽은 소설 속 문장으로 대신해도 될까요? 앤드루 포터의 〈빛과 물질에 관한 이론〉인데요. 제목만 보면 과학책 같은데 소설이더라고요. 주인공인 노_老물리학자가 여주인공과의 만남 초기에 이런 말을 합니다. (고재현은 직접 책을 펼쳐 해당 대목을 읽어주었다.) "뭔가를 이해한다고 생각하는 순간, 모든 발견의 기회를 없애버리게 돼요."

이 말이 물리학자들이 생각하는 중요한 포인트거든요. 완벽히 이해해서 정리된 사실로 교과서에 실리게 되면 더 이상 신비가 아닌 거죠. 공학적 차원에서 유리는 어떤 방식이든 가공이 가능하지만, 이론적 연구는 정말로 궁금하고 알고 싶은 동기가 첫 번째이고, 미스터리할수록 더 도전적인 과제가 되는 거예요. 암흑물질도 그러한 미스터리 중 하나이고, 유리 또한 그렇지요. 저 역시 이 분야에 남겨진 미스터리의 답을 찾아나가는 과정인데, 사실 완벽한 답을 구할 수 있을 거라는 기대는 안 하고요. 제가 천재도 아니고 뭐 그래서. 그렇지만 지식의 탑을 쌓는 과정에 작은 벽돌 한 장을 얹었다는 것만으로도 만족하는 게 과학자이니까요. 그렇게 벽돌들이 모이면 언젠가는 뉴턴 역학이 깨지고 양자역학이 만들어진 것처럼 큰 발걸음을 내디딜 수도 있을 테죠.

"하늘은 왜 파랗지? 사과는 어째서 아래로 떨어질까?"

너무나 익숙해서 당연하다고 생각했던 현상도 호기심을 가지고 질문하는 순간 미스터리가 되어 새로운 지식의 가능성이 열린다. 사과가 떨어지는 현상은 지구와 달이 서로를 당기는 힘과 연결되며, 우주의 모든 물체에 작용하는 힘과 법칙이 되는 것이다.

점심 식사 후, 고재현이 좋아하는 학교 주변 산책길을 함께 걸었다. 매일 마주치는 일상의 풍경 속에서도 새롭게 발견하게 될 앎과 신비가 있을까? 길은 잘 가꾸어진 캠퍼스의 신록과 맘만 먹으면 뒷산으로 곧장 오를 수 있는 작은 샛길을 지나 하늘을 향해 열린 낮은 언덕으로 이어졌다. 내 옆의 과학자는 아끼는 장소를 지날 때면 걸음을 늦추거나 멈추어 자신이 본 아름다움과 경이를 들려주었다.

코스모스를 조우하는 사적인 방법

춘천의 하늘을 사진으로 찍어 SNS에 올려주고 계시잖아요. 그걸 보면서 전 세계 '구름감상협회' 회원들이 찍은 365장의 구름 사진이 담긴 《날마다 구름 한 점》이라는 책

이 떠올랐어요. 박사님도 '하늘감상협회' 만드셔야 하는 것 아니에요?

안 그래도 주변에서 농담처럼 빨리 협회 만들라는 소리를 해요. 하늘 사진을 찍어서 SNS에 올린 건 10년 정도 된 것 같네요. 빛의 현상에 관심이 많다 보니까 산책하면서 습관적으로 하늘을 보는데 무지개나 햇무리, 채운과 같이 빛이 만들어내는 신비로운 현상들이 자꾸 눈에 들어오더라고요. 학교 구내식당에서 밥을 먹고 나오다가도 뭐가 보인다 싶으면 바로 건물 위로 올라가요. 한번은 저 멀리 무지개 같은 점이 하나 보여서 더 잘 보려고 옥상으로 뛰어 올라갔더니, 태양 빛이 얼음 결정을 거치면서 태양 좌우에 대칭적으로 무지개색 빛의 점을 만드는 '환일'이라는 현상이었어요. 요즘은 전 세계에 있는 SNS 친구들이 저에게 직접 찍은 하늘 사진을 보내주면서 어떤 현상인지 물어오기도 해요. 그럼 전 그분들께 과학적인 설명을 해드리고, 그들이 보내준 진귀한 빛의 사진들은 수업 시간에 자료로 이용하기도 하지요.

저는 박사님이 1년 내내 같은 시간, 같은 장소에서 하늘을 담은 연작 사진이 인상적이었어요. 매일 보는 하늘인데, 주의 깊게 보면 다르게 다가오는 것들이 있나요?

지금은 춘천 외곽에 마당이 있는 작은 집을 빌려서 살고 있지만 전에는 17층 아파트의 꼭대기 층에 살았어요. 그때 뒤쪽 창문으로 석양이 지는 모습을 1년 동안 카메라에 담았는데, 재밌는 건 말해주기 전에는 아무도 같은 장소에서 찍은 사진이라는 걸 눈치채지 못한다는 거예요. 같은 하늘이지만 그만큼 매 순간이 새롭고 다르다는 이야기이겠죠. 태양의 위치, 구름의 양, 대기에 떠도는 먼지의 정도에 따라 나오는 색깔과 패턴이 굉장히 다채롭거든요. 무엇보다 하늘을 보면 지구가 얼마나 아름답고 소중한 행성인지를 떠올리게 돼요. 달은 대기가 없기 때문에 달에서 위를 올려다보면 그냥 까맣게 보일 거예요. 우리가 이렇게 아름다운 하늘을 볼 수 있는 건 조건이 아주 적절히 맞아떨어진 덕분입니다. 적당한 중력, 적당한 습도, 적당한 두께의 대기층. 파란 하늘은 햇빛이 지구의 대기를 이루는 공기 분자를 만나 파장이 짧은 파란색이 주로 산란되면서 퍼져나가 우리 눈에 들어오는 현상입니다. 대기의 주성분 중 하나인 산소는 지구의 오랜 역사 속에 생명체들이 등장하면서 생명 활동으로 만들어진 산물이지요. 이렇듯 지구의 물질과 생명과 시스템은 모두 연결되어 있어요. 하늘은 바라보는 것 그 자체로도 매우 아름답습니다. 그렇지만 지식을 가지고 바라보게 되면 다른 차원의 앎이 있다는 사실을 말씀드리고 싶어요.

"무엇보다 하늘을 보면 지구가
얼마나 아름답고 소중한 행성인지를
떠올리게 돼요."

매일 오가는 이 길 위에서 코스모스와 연결됨을 느끼는 순간도 있으세요?

봄에 특히 그렇죠. 겨울을 버티며 웅크려 있다가 땅을 헤치고 올라오는 녹색, 그중에서도 요즘의 연한 녹색이 제일 예쁘더라고요. 햇빛을 이루는 빛알은 엄청난 압력과 온도로 인해 핵융합이 일어나는 태양의 중심부에서 태어나 태양 표면까지 올라오는 데 수십만 년의 시간이 걸려요. 우리가 보는 빛은 태양 속에서 그 오랜 시간을 버틴 끝에 지구를 향해 8분을 날아온 빛입니다. 달이나 목성 혹은 다른 곳으로 갈 확률도 있지만 극히 일부의 빛알이 지구 표면에 도달해 아주 작은 이파리에 들어가서 광합성을 일으키지요. 그 잎을 먹고 우리가 살아갈 수 있는 에너지를 얻는 거니까, 나뭇잎 하나로도 우주로 연결되는 거예요.

《코스모스》가 세상에 나왔을 때 칼 세이건의 나이가 40대 중반이었으니까, 그때 중학생이었던 박사님은 어느덧 당시 칼 세이건의 나이를 훌쩍 넘으셨네요. 성인이 되어 다시 읽는 《코스모스》는 어땠나요? 소년 시절의 두근거림이나 흥분과는 다르게 읽히는 지점이 있던가요?

어릴 때는 상상력을 극대화하는 천문학적 사진들에 끌렸다면 다시 읽는 《코스모스》는 빅히스토리였어요. 문화, 문명,

예술 등 모든 맥락에서 과학의 스토리를 전개해나가는 한편 우주의 탄생에서 먼 미래까지를 빅히스토리의 관점에서 조망하고 있어요.

인류는 최근 3000년 동안 두 번에 걸쳐 커다란 인식의 변화를 겪었습니다. 하나는 16세기 코페르니쿠스의 지동설에서 시작해 케플러, 뉴턴으로 이어지는 우주관의 혁명으로, 우주의 중심으로 여겨졌던 지구의 지위를 태양을 도는 여러 행성들 중 하나로 격하시켰어요. 중세 사람들의 지구 중심주의를 근본부터 허물면서 우주에서 인간의 위치를 다시 돌아보는 중요한 계기가 됐지요.

또 다른 혁명은 20세기 들어 에드윈 허블이 우주에는 우리 은하 외에도 다른 은하가 존재한다는 사실을 관측을 통해 밝힌 사건인데요. 우주가 당시 천문학자들이 상상했던 것보다 훨씬 넓다는 점이 밝혀진 거지요. 그런데 지금은 또 다른 차원의 천문학적 혁명이 진행 중입니다. 제임스웹 우주망원경이 수백 광년 떨어진 외계 행성의 대기 성분을 조사해서 생명체의 존재 가능성을 탐색하는 단계까지 와 있거든요. 적어도 다음 세대에는 외계 생명의 존재를 확인할 수 있으리라 예상되는데, 그렇게 되면 우주에 잠재적으로 존재할 수 있는 외계 문명과의 관계 속에서 우리 자신을 바라보는 새로운 인식의 전환이 일어나겠지요. 죽기 전에 아주 초보적인 수준이나마 외계 생명체가 발견됐다는 소식을 듣고 눈을 감을 수 있다면 여한이 없겠어요. 아마 지구 중심설이나 태양 중심설이 깨지는 것 이상의 지적 충격이 되겠지요. 외계 생물학이나 외계 인문학처럼 학문의 지형도 역시 달라질 거예요. 과학의 진보는 언제나 인류의 지식을 확장해왔고, 이러한 관점의 확대야말로 빅히스토리, 즉 교양으로서의 과학이 가지는 가치라고 생각합니다.

고재현 박사님의 책 《빛의 핵심》에는 이런 헌사가 실려 있어요. "서로 멀어져만 가는 무수히 많은 은하들 중 / 한 나선형 은하 팔자락에 얹혀 돌고 있는 / 평범한 항성의 세 번째 행성 위에서 / 우리는 도대체 무얼까 고민하는 / 모든 지구인에게 이 책을 바칩니다." 자신을 '대학 교수', '누구의 남편', '누구의 아버지'로 규정할 때와 태양계의 평범한 행성의 '한 점'이라는 틀로 바라볼 때, 삶을 대하는 태도는 어떻게 달라지는지 궁금합니다.

눈치채셨겠지만 그 글은 《코스모스》에서 칼 세이건이 앤 드루얀에게 바친 헌사를 빌려온 거예요. 사랑하는 여인에게 바칠 수 있는 최고의 고백이자 칼 세이건의 인간적 면모를 보여주는 아름다운 문장이잖아요. 제가 쓴 건 사랑의 고백은 아니고요.

태어나서 지금까지의 시간보다 지금부터 죽을 때까지의 시간이 짧아진 시점이어서 그런지 죽음을 의식하면서 삶의 의미를 반추하는 날이 많아졌어요. 삶의 철학적 의미를 찾는 데 있어서도 일상생활, 가족, 사회, 국가, 지구의 차원을 넘어 더 큰 맥락에서 나 자신을 바라보는 관점이 필요하다고 생각해본 것이지요. 요즘 밖에 나가보면 봄의 나무들이 참 아름답잖아요. 스스로 에너지를 만들 수 없는 인간은 식물을 먹고 다른 종을 잡아먹으면서 운명을 헤쳐왔고 찬란한 문명을 건설할 수 있었습니다.

그런데 인류가 촉발한 전쟁과 기후 위기는 어떤가요? 피하지 못하면 공멸하는 주제가 되었죠. 우리와 지구 생태계는 긴밀히 연결되어 있고 우주의 역사 속에서 상호작용하면서 공진화해왔다는 이해와 공감대가 형성된다면, 당면한 위기 속에서 인류가 나아가야 할 방향을 찾을 수 있지 않을까요. 코스모스의 관점에서 우리 자신을 바라본다는 건 단순히 우주에 대한 앎의 확장이라는 차원을 넘어 우주와 인간의 관계, 인간이란 존재가 놓여 있는 우주적 맥락을 더 잘 이해함으로써 공감의 반경을 키우는 일이기도 하니까요.

캠퍼스의 후문으로 이어지는 산책의 마지막 코스에는 대학생들을 위해 저렴하고 맛 좋은 샌드위치와 커피를 파는 작은 카페가 하나 있

다. 일이 많을 때는 고재현도 이곳의 샌드위치를 자주 찾는다고 했다. 커피 한 잔씩을 주문해 은빛 원자 모형 모빌과 미스터리의 위용을 뽐는 커다란 창문과 책들이 있는 서재로 돌아왔다. 장서가인 고재현의 서재에서는 《코스모스》 초판본뿐 아니라 의외의 책들을 발견하는 재미가 쏠쏠했는데, 어떤 책을 보고는 나도 모르게 드라마 속 대사처럼 "이 책이 여기 왜 있어요?"라고 외치고 말았다. 물리학자의 책장에 드라마 〈나의 해방일지〉 대본집 네 권이 나란히 놓여 있었던 것이다. 그에게서 "드라마 속 철학적 대사가 인상적이어서"라는 답이 돌아왔다.

물리학자는 그 대사가 등장한 드라마의 정확한 회차까지도 기억하고 있었다. 문제의 대사는 11화에서 갈대가 우거진 언덕을 오르던 여주인공의 독백. 일찍이 소년 고재현이 《코스모스》를 읽으며 품었던 것과 같은 질문이었다.

"나, 뭐예요? 나 여기 왜 있어요?"

관측 가능한 우주에는 7에 10의 22승을 곱한 개수만큼의 별이 있다. 우리 몸속에는 우주 전체에 있는 별의 수보다 100만 배가량 많은 원자가 들어 있다. 코스모스의 일부인 우리는 다른 사물과 같은 별먼지로 이루어져 있다.

과학은 물리학이 밝힌 세계의 모습에서 우리는 어디쯤에 존재하며 누구인지를 끊임없이 질문하게 하는 학문이라고 고재현은 말했다.

나에게는 묻지 않고 돌아온 질문이 하나 있었다. '어째서 과학에서 때때로 시적인 순간을 맞이하게 되는가?' 그리고 답은 의외로 아주 가까이에, 오랜만에 책장에서 뽑아 든 레오 리오니의 그림책 《프레드릭》 속에 들어 있었다.

들쥐 프레드릭은 다른 들쥐들이 겨울을 대비해 부지런히 양식을 모을 때, 돌담 위에 홀로 앉아 조용히 공상에 빠지곤 했다. 비축한 양식이 모두 동이 난 어느 겨울, 들쥐들은 프레드릭에게 너의 양식을 내놓으라고 요구한다. 프레드릭은 바위에 올라 그동안 모은 이야기를 들려준다.

"눈송이는 누가 뿌릴까?

얼음은 누가 녹일까?

(…)

유월의 네 잎 클로버는 누가 피워낼까?

날을 저물게 하는 건 누구일까?"*

이야기를 들은 들쥐들은 감탄하여 말한다.

"프레드릭, 너는 시인이구나."

수줍게 얼굴을 붉힌 프레드릭의 답. "나도 알아."

---

* 레오 리오니, 《프레드릭》, 최순희 옮김, 시공주니어, 2013

프레드릭의 시에는 고재현이 5km의 산책길에서 보았던 것과 같은 빛과 사계절이 들어 있다. 그리고 프레드릭은 이렇게 신비롭게 작동하는 세상에서 우리 들쥐들은 어떤 존재인지 시의 형식으로 묻고 있었다.

이제 알겠다. 과학과 시. 시와 과학. 그리고 드라마. 모든 질문은 연결되어 있다.

엔드 오브 타임

브라이언 그린 | 박병철 옮김 | 와이즈베리 | 2021

우주의 시작과 진화 그리고 끝을 빅히스토리로 다룬다는 점에서 《코스모스》의 최신 버전으로 다가왔던 책이다. 별과 은하, 생명의 탄생과 진화뿐 아니라 언어와 의식, 종교와 예술에 이르기까지 세상이 작동하는 원리를 최신 물리학의 성과를 토대로 조망하고 있다. 원서의 의미와 느낌을 하나도 놓치고 싶지 않아 하드커버의 영문 원서와 한국어판의 전자책을 동시에 펴놓고 세 번, 네 번, 반복해서 읽은 책이기도 하다. '엔드 오브 타임'이라는 제목은 지구와 은하뿐 아니라 우주 자체도 언젠가는 붕괴되어 사라질 시간의 끝을 시사한다. 스스로를 탄생시킨 물리 법칙에 의해 우주 역시 시간의 질서 속으로 흩어지는 운명이라니. 한편으로는 허무함을 떨칠 수 없지만, 언젠가는 사라질 우주의 역사 속에서 지금 이 순간의 짧은 찰나를 산다는 것에 대한 의미를 놓치지 않는 데 이 책의 미덕이 있다. 《코스모스》의 감동을 기억하는 독자라면, 이 책도 꼭 한 번 읽어보기를 권한다.

1마일 속의 우주
쳇 레이모 | 김혜원 옮김 | 사이언스북스 | 2009

나도 언젠가 이런 책을 쓸 수 있을까. 춘천의 자연을 걸으며 그동안 카메라에 담아온 사진들을 글과 함께 엮어 책으로 펴내고 싶다는 은퇴 후의 꿈을 심어준 책이다. 쳇 레이모는 대학에서 평생 물리학과 천문학을 강의한 학자다. 보스턴 남쪽의 작은 마을 노스이스턴의 집에서 직장인 스톤힐대학교까지 '1마일'의 거리를 37년 동안 매일 걸어서 출퇴근했다. 오가는 길 위에서 만난 지역의 역사와 자연의 경이, 평생을 보아온 풍경에 대한 애정을 과학적 성찰과 함께 잘 녹여낸 품격 있는 에세이다.

책 '부심'이 있는 편이다. 당장 읽을 시간이 없더라도 좋은 책을 발견하면 일단 사두고 본다. 지금 사는 작은 단독주택에는 공간이 마땅치 않아 연구실과 집에 책을 분산 수용하고 있는데, 은퇴 후에는 작게나마 서재를 마련해 책들을 가지런히 정리해두고 조용히 읽고 쓰는 나날을 보내고 싶다. 은퇴까지 10년 남짓, 아름다운 하늘 사진에 감동한 독자들이 스스로 아름다움을 찾아 나서도록 부추기는 그런 책을 쓰고 싶다.

고재현

우리는 지금도 공룡의 시대에 살고 있다

고생물학자
이융남

땅속에 묻힌 생명의 시간을 복원하는 고생물학자이자 서울대학교
지구환경과학부 교수로, 대한민국 1호 공룡 박사로 불린다. 연세대학교에서
지질학을 전공했고, 동 대학원에서 고생물학 석사 학위를, 미국 댈러스
서던메소디스트대학교에서 척추고생물학 박사 학위를 받았다.
미국 스미스소니언 국립자연사박물관 초빙 연구원, 한국지질자원연구원
지질박물관 관장을 지냈으며, 국가유산청 자연유산위원으로 활동 중이다.

그는 지금도 밤에 잘 때 공룡 꿈을 꾼다. 꿈에서 그는 붉은 모래바람이 이는 사막을 걷고 있다. 뼈의 흔적을 찾기 위해 지그재그로 걷던 그의 눈에 지층에 박힌 커다란 꼬리뼈의 일부가 보인다. 꿈에서조차 초조하다. '야, 대박이다. 발굴해야 하는데! 근데 이거, 꿈이면 어떡하지?' 한국인 최초의 공룡 박사, 이융남의 이야기다.

이융남은 뼈를 가진 척추동물을 연구하는 척추고생물학자다. 우리나라 최초의 뿔공룡인 코리아케라톱스를 연구해 세계에 알렸으며, 2014년에 반세기 동안 공룡학계의 미스터리였던 '데이노케이루스 미리피쿠스'의 골격을 완벽히 복원해 저명한 과학 학술지인 〈네이처〉에 게재하는 쾌거를 이루었다.

라디오 방송 섭외를 위해 이융남이 재직 중인 서울대학교 지구환경과학부 연구실로 전화를 걸었을 때의 일이다. 몽골 탐사 준비로 바쁜 데다 방송 출연에는 관심이 없다는 말로 서둘러 통화를 마치려는 그를 "그래도 공룡인데, 박사님 아니면 누가 해요?"라는 말로 붙잡았다. 당신이 이 분야의 최고임을 알고 있다는 말로 회유해보려 했던 것인데 되레 "그런 게 어딨습니까?"라는 낯선 반응이 돌아왔다. 세상의 잣대나 타협을 허락하지 않는 카랑카랑한 목소리. 사람

잘못 넘겨짚었구나. 이런 말로 꼬실 수 있는 사람이 아니었던 거다. 상대를 추어올려 쉽게 일을 성사해보려던 얄팍한 속내를 반성하며 솔직한 마음을 담아 다시 청했다. "박사님, 이건 제가 정말 궁금해서 그런데요. 뼈, 뼈가 뭔가요? 고생물학자에게 뼈란 무엇인지 들어보고 싶습니다." 수화기 너머로 짧은 침묵에 이어 "날짜가 언제라고 했죠?"라는 답이 돌아왔다. 목소리가 한결 부드러워져 있었다.

궁금했다. '뼈'라는 말에 어떤 힘이 있길래 스스로 세운 기준이 아니면 좀처럼 타협할 것 같지 않은 사람을 돌려세운 것일까. 더군다나 일단 출연을 결정한 후의 그는 더할 나위 없이 친절하고 상냥한 반전의 모습을 보여주었다. 문자와 이메일에는 바로바로 답이 왔으며 취재를 위한 긴 통화에도 정성껏 응해주었다. 공룡과 탐사 현장의 이야기를 들려줄 때는 들뜬 소년의 목소리가 전해졌다. 무엇이 한 사람 안에서 그가 가진 장난꾸러기 같은 소년의 얼굴과 원숙한 성년의 모습, 갈망과 의지, 유순함과 나긋나긋함을 모두 꺼내 보이도록 할 수 있는가. 사랑의 대상만이 할 수 있는 일일 것이다. 그리고 이융남에게 그 대상은 공룡인 듯싶었다.

아이들은 왜 공룡을 좋아할까. 지금까지 발견된 1000여 종의 공룡은 그 생김새와 크기가 다 다르다. 거대한 크기와 다양한 형태가 불러일으키는 경외감, 멸종이라는 미스터리는 공룡에 대한 본능적 호기심을 자극한다. 그러나 그 호기심이 성인이 되어서까지 이어지는 경우는 드물다. 있다 하더라도 아직도 어린애같이 공룡을 좋아하냐는 핀잔을 듣거나 키덜트의 유별난 취미로 취급받기 일쑤다.

1960년생. 희끗한 수염과 머리칼. 국내에서는 뼈 있는 고등동물에 대한 연구가 전무하던 시절, 한국인 최초로 공룡을 연구해 이 분야를 개척해온 고생물학의 권위자인 이융남은 지금도 잘 때 공룡 꿈을 꾼다. 덜 자란 '어른아이'여서가 아니다. 오히려 크고 다양하고 멸종한 생물에 대한 순수한 호기심과 지적인 갈망을 끝까지 가져가서다. 좋아하는 단계를 넘어서면 끝까지 가는 거라며, 그것이 사랑이라고 이융남은 말했다.

공룡에 대한 그의 진지한 애정은 우리가 사는 지구에 대해 어떤 근본적인 성찰을 들려줄까. 뼈를 추리는 과정 중에 있는 타르보사우루스의 복늑골이 바구니에 담겨 있고 연구를 위해 수집한 타조의 두개골과 악어 머리 골격이 책장에 놓인 이융남의 서재에서 그와 마주 앉았다.

처음 섭외 전화를 했을 때 거절하셨다가, '뼈가 무엇인지 궁금하다'는 말에 마음을 돌려주셨어요. 어떤 심경의 변화가 있었던 걸까요?

저는 좀 안타까운 게 '공룡' 하면 아이들이나 좋아하는 것 정도로 생각하지 진지한 과학적 대상으로 보지를 않아요. 과거 생물의 화석이 갖는 중요성에도 불구하고 공룡이 화석 자체보다는 만화 속 거대한 캐릭터 같은 이미지로 강하게 박혀 있다 보니까요. 공룡을 떠올리면 무조건 티라노사우루스만 이야기하고 그것 외에는 모르면서 공룡을 아는 것처럼 생각하는 것도 그렇고요.

그리고 이건 제가 공룡을 공부하는 사람이라 그런지 모르겠는데, 전 공룡을 굉장히 좋아할 뿐만 아니라 사랑하거든요. 그래서 공룡이 남한테 함부로 대해지는 것이 싫습니다. 사람들이 쉽고 가볍게 하는 말들 있잖아요. '공룡 고기는 무슨 맛일까?' 그런 농담을 들을 때면 전 굉장히 마음의 상처를 받아요. 저한테 욕하는 거 같아서요.

물론 대중의 관심을 받는다는 것은 좋은 일이지요. 그렇지만 공룡에 대한 제대로 된 정보가 부족한 것도 현실이니 공룡이 진짜 무엇인지, 진화와 생물학에서 공룡이 갖는 의미를 알리고 대중의 인식을 바꾸는 데에도 제가 할 역할이 있다는 생각을 늘 하고 있죠.

박사님이 어렸을 때도 공룡이 인기였나요?

제가 어렸을 때는 우리나라에 공룡이 대중적으로 알려지지 않았어요. 지금처럼 책이 흔한 것도 아니었고, 언론이나 방송에서 다룬 것도 아니었죠. 실제로 우리나라에서 공룡의 흔적들이 발굴되기 시작한 것은 1980년대 초부터입니다. 경남 고성에서 공룡 발자국이 발견되면서 한반도에도 공룡이 살았다는 사실이 밝혀지고 공룡에 대한 국민적 관심도 높아지기 시작했죠. 그때 저는 대학 시절이었어요.

그 시대에 좋은 대학 갈 성적이면 의대나 법대에 진학하는 것이 출세의 코스로 권유되는 분위기였을 텐데, 어떤 동기로 지질학과를 택하셨어요?

어릴 적엔 공부를 왜 해야 하는지를 몰랐어요. 동기가 없다 보니까 그냥 남들 따라 공대에 들어갔다가 적성에 안 맞아서 때려치우고 삼수까지 하면서 방황을 많이 했지요. 그러다 처음으로 목표가 생겼는데 대학 가서 방송반을 하겠다는 거였어요. 제일 친한 친구가 고려대학교 교육방송국에서 부국장을 맡았는데, 몇 번 따라가서 보니까 그거 재밌더라고요. 너 고대지, 그럼 난 연대 가서 연세교육방송국에 들어갈테니 우리 연고방송전에서 한 번 붙어보자.

그런데 본고사를 치르지 않고 수능 점수로만 합격할 수 있는 데가 지구과학 계열이었어요. 뭔지도 모르고 들어갔는데 천문학과, 기상학과, 지질학과 중에 전공을 선택해야 했죠. 기상학과는 방송에 나오는 기상 캐스터 그거 하는 건가 보다, 천문학과 저거 멋지게 보이기는 하는데… 그러다가 퍼뜩 그런 생각이 들더라고요. '맨날 보기만 하면 뭐 해. 내가 잡을 수도 없는데. 그럴 바에야 지질학을 하면 돌멩이라도 손에 쥐어볼 수 있지. 잡을 수 없는 대기나 별을 관찰하는 것보다는 내가 발 딛고 있는 지구를 직접 만지고 알아봐야겠다.'

과거와 '나'의 연결 고리, 화석

공부는 안 하고 맨날 방송국에 사셨다면서 순수한 지적 호기심은 언제 어떻게 발견하신 거예요?

3학년 때였어요. 전공 수업 중 처음으로 강원도 태백산 지역으로 야외 탐사를 나갔는데, 은사이신 이하영 교수님이 '코노돈트'라는 물고기의 이빨 화석을 알려주셨어요. 현미경으로 봐야 할 정도로 아주 작은 화석인데 그걸 보고 그만 화석에 꽂힌 거예요.

얼마나 작은데요?

한 2mm.

맨눈으로 볼 수 없는데 어떻게 채취하죠?

이런 작은 화석들은 어떻게 찾냐면 먼저 석회암을 채취해요. 석회질은 산에 녹기 때문에 빙초산에 담아두면 조그만 돌가루들이랑 화석만 남거든요. 그걸 체에 걸러서 현미경으로 화석을 골라내는 거예요. 그때 코노돈트를 처음 봤는데 그때가 제 인생을 바꾼 순간이었어요. 너무 예쁜 거예요. 너무 예쁜 이 물체가 암석 속에 남겨진 5억 년 전에 살았던 생물의 이빨이라는 게 정말 신기하더라고요.

화석을 매개로 지금 여기에서 5억 년 전으로 접속이 일어나는 순간이란 어떤 것일지 짐작이 안 됩니다.

지질학을 공부하다 보면 지구 나이가 46억 년이고 그전에 많은 생물이 지구상에 살았다는 것을 배워서 알지만, 현실감 있게 와닿지는 않잖아요.

그런데 멸종한 동물의 잔해를 내 눈으로 직접 보게 되니까 '이게, 이게 진짜네. 이게 거짓말이 아니구나. 암석 속에 과거 생물의 흔적이 있구나!' 하는 생각이 들었죠. 그러고 나서 거리를 지나가는데 모든 빌딩이 죄다 코노돈트로 보이는 거예요. 강원도에서 석회암 가져다 갈아서 만든 게 시멘트이고 이것으로 콘크리트를 만들잖아요. 그러니까 우리나라에 지어진 모든 건물에는 코노돈트가 들어 있는 셈이죠. 이런 생각을 하니까 너무 감동적이더라고요. 작가님도 집에 가서 아파트 벽 시멘트 부숴보면 거기서 화석의 잔해가 나올지도 몰라요.

뼈나 화석은 생물 자체의 정보를 담고 있기도 하지만, 우리를 지구의 오랜 과거와 연결해주는 존재로군요.

화석이 가지는 의미는 굉장히 큽니다. 우리 수명이 100살이라고 해도 지구의 역사 46억 년에 비하면 찰나인데, 내가 지구에 태어나서 살아 숨쉬기 훨씬 이전에도 코노돈트부터 공룡까지 어마어마한 생물들이 살았던 거잖아요. 화석을 통해 생물의 역사, 38억 년의 제너레이션을 확인하고 해석하는 것이 바로 고생물학이 하는 일입니다.

우리 대부분은 '태어났으니까 그냥 사는 거지' 하며 돈 벌어서 소비하고 같은 인간들끼리 부딪히고 싸우면서 한평생 살다 가잖아요. 그렇지만 내가 왜 이 넓은 우주의 태양계의 지구라는 행성에서 생명으로 태어났는지, 어떤 과정을 거쳐

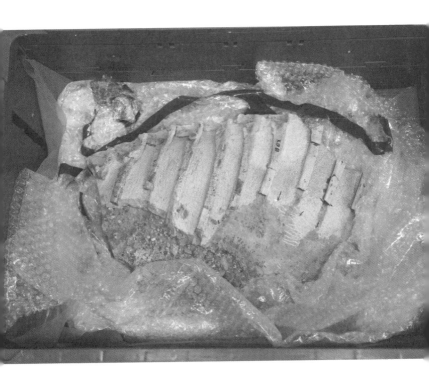

몽골에서 발굴한 타르보사우루스의 복늑골.
발굴된 화석은 암석으로부터 뼈를 분리하는
화학적·물리적 작업을 거쳐야 하며
짧게는 수개월, 길게는 수년에 걸쳐 이루어진다.

나라는 존재가 지금 여기에 있는지를 알고 죽는 것과 모르고 죽는 것은 다르다고 생각해요. 생명의 유구함, 진화를 통해 과거로부터 면면히 이어져온 나의 뿌리를 안다는 것은 나 자신의 존재를 이해하는 일과도 같은 겁니다. 그러니 내게 화석이란 인생을 걸어볼 만한 일이 된 거죠.

코노돈트 화석 연구로 석사까지 하셨는데 어쩌다 공룡 연구로 방향을 바꾸신 건가요?

당시 우리나라 고생물학자들은 대개 식물 화석, 조개 화석, 삼엽충 같은 조그만 화석들을 연구했어요. 뼈를 가진 고등동물의 화석은 우리나라에서는 발견되지 않는다고 생각해서 아예 연구하지 않았던 거죠. 그런데 1980년대 들어 우리나라에서도 공룡 발자국이 발견되기 시작했어요. 그걸 보면서 발자국이 있으면 분명히 뼈도 있을 텐데 왜 아무도 관심이 없지? 내가 해봐야겠다는 생각을 했고, 한편으론 이런 바보 같은 생각도 있었어요. '석사 때 가장 조그만 거 했으니까 박사 때 가장 큰 거 한번 해보자.'

그건 성격이신가 봐요.

제 성격이 좀 그래요. 남이 가지 않은 길을 가고 싶어 하고요. 용 꼬리보다는 뱀 대가리가 되는 것을 선호하는 사람이거든요. 영화 〈모던 타임스〉처럼 공장의 커다란 톱니바퀴 중 하나의 톱니로 살기는 싫다는, 아무튼 그런 게 좀 있어요.

남이 가지 않은 길. 수억 년 전 지구의 땅을 누볐던 거대한 동물의 뼈를 직접 만져보고 알아보겠다는 결심은 섰으나 국내에서는 해볼 수 있는 수단이 전무했다. 인터넷도 이메일도 없던 시절 미국문화원을 찾아 척추고생물학이 있는 대학의 리스트를 뒤져 얼굴도 모르는 교수에게 타이프를 쳐 편지를 보냈다.

"나는 아무것도 없는 사람이지만 한국인으로서는 최초로 척추고생물학을 연구하는 학자가 되고 싶다. 당신에게 배워 고국으로 돌아와 우리나라의 척추고생물학을 발전시키는 데 이바지하고 싶다."

그렇게 이융남은 1990년 미국으로 건너가 서던메소디스트대학교에서 루이스 제이콥스 교수의 지도 아래 공룡 전공으로 박사 과정을 밟게 된다. 그러나 암석을 녹여 미화석을 구분하는 일과 뼈가 있는 동물을 복원하는 일은 차원이 다른 일이었다. 텍사스의 지층을 훑으며 맨땅에서 공룡 뼈를 찾는 일부터 시작해 동물 기관의 구조와 역할에 대한 지식을 쌓기 위한 해부학 실습 교육도 받아야 했다. 그 과정에서 그는 개인적으로 아주 특별한 경험을 한다.

새로운 도전 중에 겪었던 에피소드가 있다면 들려주세요.
어느 날 지도교수인 제이콥스 교수님이 "해부학 공부 좀 더

서재의 캐비닛을 채우고 있는 외국 논문들.
박사 학위를 마치고 귀국을 앞두었을 때,
지도교수의 방에 있는 모든 논문을 두 달에 걸쳐
밤낮없이 복사해 국내로 들여왔다.

해볼래?"라고 물어서 뭔지도 모르고 "네, 해보겠습니다" 했어요. 그런데 갑자기 의대에 가서 인체 해부를 하라는 거예요. 여름 방학 두 달 동안 의대생들과 네 명이 한 팀이 되어서 실습을 했죠. 그때 아내가 임신 중이었는데, 어느 날 해부 실습 중에 연락이 왔어요. 분만실에서 애 낳고 있다고 빨리 오라고. 바로 맞은편에 있는 병원으로 달려갔죠. 수술로 아이를 꺼내야 해서 아내는 하반신 마취를 하고 제가 그 머리맡에 서 있는데 의사가 저한테 자꾸 말을 걸어요. 그래서 나 학생이고, 공룡 공부하고 있고, 지금도 해부하다가 왔다고 말하니까 "그래?" 하더니 나더러 자기 옆으로 오라는 거예요. 그래서 다가갔더니 설명을 해줘요. 시체 해부하는 거하고 살아 있는 사람의 몸속을 보는 것은 다르다며, 이게 자궁이고… 뭐 이러면서 의사가 직접 가르쳐주는 거예요. 그때 굉장한 경험을 했어요. 아내 뱃속을 다 들여다봤어요. 아직도 그것 때문에 욕을 먹고 있지요. 자기는 무서워 죽겠는데 둘이 자기 뱃속을 들여다보면서 이야기하고 있었다고.

저는 되게 묘하다고 느껴지는 게, 어떻게 한날에 길 하나를 건너는 것으로 삶과 죽음을 연속적으로 경험할 수 있었을까요.

그러니까 말이에요. 시체를 해부하다가 새로운 생명, 딴 생명도 아니고 내 자식을 봤으니까요.

'뼈' 하면 죽음의 이미지가 먼저 떠오르곤 했는데요. 이야기를 듣다 보니 오히려 뼈를 통해 생명의 경건함을 마주하게 되는 것 같아요.

그래서 저는 개미도 안 밟습니다. 왜냐하면 모든 살아 있는 생명은 소중한 거잖아요. 제가 불교를 믿거나 종교가 있는 건 아니지만 가능하면 살생을 안 하려고 해요. 라이프~life~잖아요. 아무리 하찮아 보이는 생물이라도 자기 나름의 라이프인데 함부로 끊으면 안 되죠.

지구상에 생명으로 태어났다는 건 엄청난 운이에요. 모든 생명은 결국 죽을 운명이지만 살아 있는 매초 매 순간이 얼마나 소중한가요? 살아 있다는 것 자체가. 남의 생명도 소중한 거죠. (이융남은 살아 있음, 생명, 삶이라는 말 대신 'life'라는 용어를 썼다. 유기체로서의 생명과 생명 활동, 진화를 통한 생명의 순환이라는 뜻을 전달하기 위해 그의 표현을 그대로 옮겨 적는다.)

공룡을 찾아서

공룡학자를 일러 '화석 사냥꾼~fossil hunter~'이라고도 한다. 산 생명을 죽이는 것이 사냥의 일이라면, 반대로 멸종한 생물의 흔적을 찾아

되살리는 것이 공룡 사냥꾼의 일이다. 수억 년 동안 암석에 묻혀 있던 뼈를 찾아 형태를 복원하고 이름(학명)을 붙이고, 그들의 생태를 연구하여 발표하는 데에는 수년의 시간과 노력이 든다.

시작은 화석을 찾는 일부터다. 이융남은 2006년부터 매년 국제공룡탐사대를 꾸려 몽골 고비사막에서 공룡 탐사를 진행해오고 있다. 뜨거운 태양과 모래 폭풍, 흡혈 진드기와 독충, 식수와 씻을 물의 부족, 자칫 목숨과 직결되는 위험이 따르는 일임에도 그는 이 일을 보물찾기에 비유한다.

탐사를 떠나기 전에는 공룡 꿈을 꾸기도 하신다면서요.

네. 남들은 로또 당첨되는 꿈이라며 돼지꿈이 좋다고들 하지만, 저는 공룡 꿈을 꾸는 게 제일 좋아요. 어렸을 때 소풍 가면 보물찾기 놀이를 하잖아요. 선생님이 나무나 돌 틈에 보물을 숨겨놓고요. 화석은 자연이 지층 속에 숨겨놓은 보물이에요. 발굴이 재밌는 이유가 어떤 공룡이 나올지 파보기 전에는 아무도 모르기 때문이거든요. 지금까지 인간의 눈에 발견되지 않았던 새로운 공룡이 나올 수도 있고, 알려지긴 했지만 일부만 발견되었던 것을 찾아내서 완벽한 실체를 밝힐 수도 있는 일이고요. 화석을 찾으러 갈 때는 내 컬렉션에 무엇이 담길지 전혀 모르는 상태로 떠나지만, 내가 꿈속에서도 너무나 찾고 싶었던 공룡을 만나게 될지 모른다는 기대를 항상 100% 채워서 가는 거지요.

왜 몽골인가요? 우리나라에서는 공룡 뼈가 안 나오나요?

안 나오는 게 아니라 못 찾는 거예요. 화석을 찾으려면 지층이 드러나 있어야 하는데 우리나라는 내륙의 대부분이 도시나 논밭, 나무가 빽빽한 산림이다 보니까 지층이 드러난 곳이 잘 없어요. 반면에 몽골의 고비사막은 풀 한 포기 없는 황무지예요. 공룡이 살았던 중생대에 쌓인 지층이 그대로 드러나 있어서 고생물학자에게는 파라다이스 같은 곳이죠. 게다가 7000만 년 전에 쌓인 암석이라고는 생각할 수 없을 정도로 굉장히 부드러워서 뼈를 발굴하기도 쉽고요. 뼈의 상태 역시 바로 어제 죽은 생물처럼 하얗고 퀄리티가 좋기 때문에 깊이 있는 학문적 연구가 가능합니다.

고비사막 하면 황사가 가장 먼저 떠오릅니다만.

황사가 올 때 차 위에 뽀얗게 먼지가 덮여 있잖아요. 색깔을 잘 보시면 주로 붉은색이에요. 그게 다 공룡이 묻혀 있던 고비사막의 백악기 지층이 풍화 침식을 받아서 먼지가 되어 우리나라로 오는 거거든요. 그래서 저는 봄에 황사를 보면, '아, 이게 어느 공룡을 싸고 있던 지층이었을까…' 하고 생각하죠.

2009년 몽골의 사막에서 이융남은 꿈에서조차 간절히 찾고 싶었던 공룡과 조우한다. 그리고 이 발견은 곧 전 세계의 공룡학계를 발칵 뒤집어놓는 사건이 된다. 학명 '데이노케이루스 미리피쿠스Deinochei-rus mirificus.' 1965년 몽골 고비사막 남쪽 지역에서 폴란드의 고생물 연구소 소장이었던 조피아 키엘란 야보로브스카Zofia Kielan-Jaworows-ka가 이끄는 폴란드 공룡 탐사대에 의해 최초로 발견됐던 공룡 화석이다. 당시 길이 2.4m의 앞발(아파트 천장의 평균 높이가 2.4m다) 한 쌍이 발견된 이후 반세기 동안 새로운 표본이 발견되지 않아 '무서운 손'이라는 이름처럼 공룡학계 최대의 미스터리로 군림했었다.

이융남은 서재의 캐비닛에서 누렇게 빛이 바랜 논문 한 권을 꺼내 보여주었다. '수각류 공룡의 새로운 과科, 데이노케이리데Deinocheiridae, a new family of theropod dinosaurs.' 데이노케이루스를 최초로 연구한 할츠카 오스몰스카Halszka Osmólska 박사의 1970년 논문이었다. 2007년에는 폴란드로 날아가 오스몰스카 박사를 직접 만나기도 했다. 50여 년 전 폴란드 팀이 몽골의 사막에서 발견한 화석과 자료들을 직접 보고 조사하기 위함이었다.

이 만남을 기념하는 한 장의 사진 속에서 젊은 이융남은 '시리어스 리serious Lee'라는 그의 별명처럼 비장한 표정이다. 오스몰스카는 그들 사이 반세기의 시간을 말해주듯 흰머리에 온화한 미소를 띠고 있다. 그녀는 혹시 알았을까. 공룡 연구의 변방 중의 변방, 한국에서 온 무명의 젊은 학자가 그녀가 풀지 못한 수수께끼의 나머지 조각을 곧 완성해주리라는 것을. 그러나 오스몰스카는 '무서운 손'의 실체를 보지 못한 채 2008년에 세상을 떠났다. 이융남이 몽골의 사막에서 데이노케이루스의 몸 뼈를 발견하기 불과 1년 전의 일이다. 과학은 데이터와 팩트로 말한다지만, 두 사람이 나란히 서 있는 사진을 보며 이야기를 듣는 동안 내 마음은 한 가지 상념으로 아득해졌다. 한 사람의 생명은 죽음과 함께 끝이 나지만, 이 세상을 살며 품었던 강한 염원은 다른 이의 염원으로 건네지기도 하는 것일까. 삶은 그런 방식으로도 연결되는가.

50년 동안 수수께끼의 존재였던 데이노케이루스의 발견은 모든 공룡학자의 꿈이기도 했습니다. 발굴 당시 첫눈에 알아보셨나요?

아니요. 처음에는 별 기대가 없었어요. '커다란 공룡인데 타르보사우루스는 아니고, 그렇다면 뭐지? 한번 파보자' 해서 발굴을 시작했지요. 첫날은 어떤 공룡인지 전혀 알 수가 없었어요. 둘째 날 발굴하면서 어깨뼈가 드러났는데 순간 딱 보이더라고요. 특유한 형태의 어깨뼈가 데이노케이루스의 것과 일치했어요. 그래서 내가 "어, 이거 데이노케이루스다!" 소리쳤더니 여기저기서 "와!" 함성이 터지고. 그날 밤에는 텐트로 돌아와서도 모두가 흥분 상태였죠.

2009년 데이노케이루스의 몸 뼈를 발견하고 2014년 논문으로 연구 결과를 발표하기까지 5년의 시간이 걸렸어요. 무엇보다 놀라운 것은 50년 동안 모습을 꼭꼭 감추고 있던 데이노케이루스를 머리부터 발끝까지 완전체로 복원해낸 것인데요. 그 과정 또한 드라마틱했죠?

2009년 몸 뼈를 발견한 현장이 도굴지였어요. 도굴꾼들이 돈이 되는 머리와 발뼈는 이미 파가고 남은 부위를 우리가

수습해온 것이었죠. 그런데 논문을 쓰기 위해 뼈를 일일이 조사하다 보니까 대퇴골의 독특한 형태가 눈에 익더라고요. '어? 이 형태는 전에 소속 미상으로 분류해놓은 공룡의 대퇴골과 같네!' 사실 우리는 2006년에 이미 또 다른 데이노케이루스의 대퇴골과 꼬리뼈 일부를 찾았던 거였어요. 다만 하반신만 발견했기 때문에 데이노케이루스라는 것을 알아보지 못했던 거죠. 이런 자세한 비교해부학 연구 덕분에 두 개체에서 없는 부분들을 서로 보완해 몸통을 완벽히 복원할 수 있었고요.

여전히 빠져 있는 것이 머리였는데, 벨기에의 자연사박물관 관장으로부터 독일의 한 개인 수집가가 데이노케이루스일지도 모르는 머리와 발뼈를 소장하고 있다는 제보를 받았어요. 바로 비행기를 타고 날아갔죠. 보는 순간 우리가 발굴한 몸 뼈에 붙어 있던 머리와 발이라는 것을 알겠더라고요. 도굴꾼들이 현장에 흘리고 간 발가락뼈 하나를 우리가 가지고 있었는데, 수집가의 발가락 한 개가 빠진 전체 발뼈와 맞추어보니 완벽하게 연결됐어요. 결국은 수집가가 불법 행위에 대한 처벌을 우려해 머리와 발을 몽골로 반납한 덕분에 완전체인 데이노케이루스를 논문에 담을 수 있었죠. 제가 경험한 일이기는 하지만 참으로 말도 안 되는 엄청난 스토리예요.

2014년 〈네이처〉에 실린 논문의 제목은 '거대한 타조공룡류인 데이노케이루스 미리피쿠스의 오랜 수수께끼 해결 Resolving the long-standing enigmas of a giant ornithomimosaur *Deinocheirus mirificus*'**입니다. 밝혀진 데이노케이루스의 실체는 그간의 추측과 많이 달랐나요?**

데이노케이루스는 앞발의 길이만 무려 2.4m예요. 티라노사우루스의 앞발이 1m인데 말이죠. 그러니 티라노사우루스보다 훨씬 큰 지상 최대의 육식공룡일 것이라는 추측이 있었지요. 그런데 막상 보니 육식공룡이라면 마땅히 있어야 할 이빨이 없었어요. 게다가 뱃속에서는 작은 물고기 뼈와 함께 위석이 1000개 정도 나왔거든요. 소화를 돕는 돌이 뱃속에 있다는 건 식물을 먹었다는 뜻이에요. 그래서 저는 데이노케이루스를 물가에 살면서 거대한 손으로 물풀을 끌어당겨서 먹는 잡식성 공룡이라고 해석하게 됐습니다. 데이노케이루스의 최신 복원도는 2022년 애플TV에서 제작한 〈선사시대 공룡이 지배하던 지구〉라는 다큐멘터리에서 볼 수 있어요. 이미 멸종해서 볼 수 없는 동물을 발굴하고 복원해서 사람들에게 소개할 때 참 보람을 느낍니다.

공룡학자의 일에 대해 이렇게 설명하셨어요. "훌륭한 공룡학자는 각 동물기관의 구조와 역할에 대한 상세한 지식이

있어야 함은 물론이고 탐험가, 탐정 그리고 예술가의 능력
도 필요하다."

화석은 뼈밖에 없지만 박물관이나 책에서 보는 복원도나 모형은 근육도 다 붙어 있고 색도 있고 무늬와 패턴도 있고 눈동자도 있잖아요. 이것은 상당 부분 과학에 기반을 둔 사실이라고 보면 됩니다. 뼈의 생김새에 따라서 어떤 종류의 근육이 어떻게 붙는지 복원할 수가 있고요. 간혹 피부 패턴이 찍힌 화석이 발견되기도 하고, 최근에는 깃털 공룡도 발견되면서 깃털의 색깔까지 알아낼 수 있는 단계까지 왔어요. 그래도 알 수 없는 게 하나 있기는 해요. 눈동자요. 썩어 없어져버리니까.

목소리도.
자세한 소리는 알 수 없죠.

너무 궁금하지 않으세요? 어떤 눈동자였을까, 어떤 소리를
냈을까. 서로의 모습은 보지 못한 채 오랜 시간 편지로만
사랑을 키워온 소설 속 연인의 심정 같은 걸까요?
그때가 좋은 거죠. 막상 만나면 환상이 깨지잖아요.

아니, 공룡과 만나고 싶지 않다는 말씀이세요?

결국 우리가 하는 게 CSI랑 비슷해요.

장르가 그쪽이군요. 제가 너무 로맨스 쪽으로 갔네요.

CSI랑 비슷하다는 게 뼈밖에 안 남은 흔적을 가지고 얘가 어떻게 죽었길래 여기까지 와서 이런 모습으로 묻혔는지를 역으로 추적해서 밝혀야 하니까요. 게다가 뼈라는 건 살아 있던 생물, 하나의 라이프잖아요. 태어나서 죽을 때까지 어떤 일을 겪었는지가 사실 궁금하거든요. 결혼은 했는지, 얼마나 빨리 뛰었는지, 경쟁자와 어떻게 싸워서 어디에 상처가 났는지. 이런 것들이 다 뼈에 남아 있으니까요.

박사님의 책 《공룡대탐험》에 나오는 공룡 중에서 모래 폭풍이 덮치는 상황에서도 알을 감싸 보호하는 자세로 죽은 '키티파티' 그리고 생사의 혈투를 벌이는 순간이 그대로 화석으로 남은 '파이팅 다이노소어'가 특히 기억에 남아요.

파이팅 다이노소어는 세계적으로 가장 유명한 공룡이에요. 서로 싸움을 벌이는 와중에 화석이 된 건데 벨로키랍토르는 날카로운 뒷발톱으로 프로토케라톱스의 배를 찢고 있고, 프로토케라톱스는 벨로키랍토르의 앞발을 물고 있는 상태로 발견되었어요.

키티파티와 파이팅 다이노소어가 발견된 곳이 몽골의 자독

타층Djadochta Formation인데 모래바람이 쌓인 지층이에요. 모래바람이 갑자기 덮치면서 삶과 죽음의 순간이 스틸 샷으로 고정된 것이죠.

공룡의 시대에 살고 있는 인간

모니카 마론의《슬픈 짐승》이라는 소설이 있는데요. 주인공이 베를린 자연사박물관의 연구원인데 아침마다 거대한 브라키오사우루스의 뼈대 앞에서 그에게 경배를 드리는 것으로 하루를 시작해요. 여기 오면서 내내 그 마음이 뭘까, 이융남 박사님이 뼈를 보는 마음은 또 뭘까 생각해봤거든요. 그런 생각이 들더라고요. 지금은 비록 없지만 하나의 생명이 최선을 다해서 살았던 거잖아요. 먹고, 새끼를 낳고, 죽음의 순간에조차 살기 위해 싸우면서.

네, 경외심이 들어요. 왜냐하면 모든 생물은 결국 살아 있지 않으면 아무것도 아닌 존재잖아요. 그러니까 서바이벌survival 한다는 거. 말씀하신 것처럼 생존하기 위해서 최선을 다하고, 때가 돼서 죽는 거, 그게 라이프잖아요. 근데 우리는 라이프를 자꾸 벗어나려고 하는 거죠. 생존뿐만 아니라 욕심 때문에 싸우고 속이고 더 오래 살고 싶어 하면서 말이에요. 동물은 그냥 자기 배부르면 끝이잖아요. 이런 걸 보면 뭐랄까 생물로서 더 자연스럽다고 해야 하나? 어쨌든 내 눈엔 그게 참 깨끗하게 보이더라고요. 아름답다는 생각이 들어요.

공룡은 두 가지로 분류할 수 있다고도 하셨어요. 날지 못하는 공룡과 하늘을 나는 공룡.

공룡의 후예가 새이니까요. 날지 못하는 공룡들은 6600만 년 전 중생대가 끝나면서 모두 멸종했지만, 그 후예들은 새로 진화해 지금 하늘을 날고 있거든요. 공룡에게도 깃털이 있다는 것은 더 이상 이론의 여지가 없습니다. 그러니까 지금 하늘을 차지하고 있는 것은 공룡이고, 그런 점에서 우리는 지금도 공룡의 시대에 살고 있다고 할 수 있죠.

같은 이야기이지만 '공룡이 진화해서 새가 되었다'고 할 때는 그런가 보다 했는데, '지금도 우리는 공룡의 시대에 살고 있다'라고 표현하니까 뭔가 인식의 전환이 일어나는 것 같아요.

포유류는 사람을 포함해서 6500종 정도인 데 반해 새는 1만 종이나 돼요. 다양성이 훨씬 높다는 거죠. 그리고 공룡은 우리 인간보다 지구에 오래 살았어요. 중생대 2억 3000만 년 전부터 6600만 년 전까지 1억 6000만 년 동안 생존했고, 지금도 새를 후손으로 만들어 자신들의 시대를 영위하고 있으니까요.

잠시만요, 그러니까 '우리는 여전히 공룡의 시대에 살고 있다'는 말은 인간 중심의 관점에서 벗어나보자는 차원에서 하신 말씀이 아니라, 그냥 팩트를 전달한 거다?
사실로서 한 이야기죠.

"공룡에 대한 사람들의 관심은 주로 그들의 돌연한 멸종에 있지만 사실 더 흥미로운 것은 그들의 갑작스러운 출현과 성공이다"라고도 하셨는데요.
공룡이 처음 출현했을 때는 지구상에서 그렇게 중요한 존재가 아니었어요. 당시의 화석 기록을 보면 공룡보다 센 원시 파충류들이 육상을 지배하고 있었으니까요. 물론 공룡에게는 생존 경쟁에 유리한 신체 기능도 있었어요. 새처럼 뼛속에 기낭이 있어 당시의 건조하고 산소가 희박한 환경에서 호흡이 유리했고, 직립과 이족 보행으로 탁 트인 곳에서 빠르게 달릴 수 있는 다리 구조를 가지고 있었지만 그럼에도 불구하고 다른 원시 파충류들을 월등히 앞서가진 못했지요.
무엇보다 공룡이 번성한 결정적인 이유는 억세게 운이 좋았다는 거예요. 후기 트라이아스기에 이르러 '카르니안Carnian 우기 사건'이라고 해서 약 300만 년 동안 습한 기후와 비가 이어지는데, 대부분의 원시 파충류가 멸종하고 말아요. 그때부터 공룡들이 덩치를 키우기 시작했죠. 외부의 힘에 의해 경쟁자들이 없어짐에 따라 그들의 전성시대를 맞게 되었으니, 공룡도 운이 좋아서 세상을 지배하게 된 거예요.

좀 역설적인 이야기이기도 하네요. 중생대 말 공룡의 멸종에 의해 포유류의 번성과 인류의 출현이 가능했다는 점에서요.

만약에 백악기 말에 운석이 떨어지고 화산이 폭발해서 공룡이 멸종하지 않았다면 우리 인간은 지금 존재하지 않겠죠.

멸종이 곧 단절은 아니라는 이야기로 들려요.

제가 항상 하는 이야기가 있어요. 'Earth is dynamic. Life is changing.' 지구라는 행성에서 라이프는 변화하면서 연속되어간다는 의미입니다. 우리 호모 사피엔스가 지구에 출현한 것은 30만 년 전이에요. 지구 나이 46억 년을 에펠탑에 비유해본다면 에펠탑 첨탑 표면의 페인트 두께 정도가 인류가 살았던 기간이라고 하죠. 그 이야기는 엄청나게 긴 지질 시대 동안 수많은 생명체가 있었다는 거고요. 생명의 역사가 38억 년인데, 38억 년 동안 살 수 있는 종이 어디 있겠어요? 기존의 종이 멸종하고 새로운 종이 생겨나면서 라이프가 계

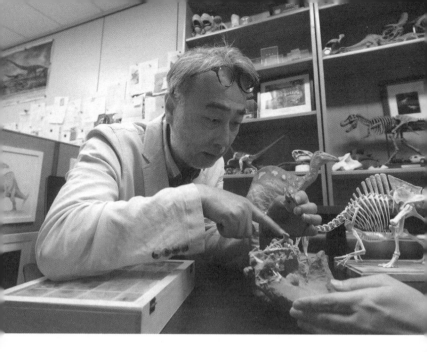

속 이어져온 것이죠. 이런 진화를 통해 마침내 사람이 출현했으니 내 존재가 얼마나 행운이고 기적인가요. 과거 생물의 진화사에서 하나만 삐끗해도 우리 인류는 없는 거죠. 내가 사람으로 지구상에 살고 있다는 것은 정말 어마어마한 운이라고 생각하거든요.

지구가 어떻게 생성되었고 어떤 생물들을 거쳐 지금 내가 여기에 있는지를 안다면 나의 라이프가 얼마나 귀중한 것인지, 삶의 가치를 결코 가볍게 여길 수가 없어요. 저는 굉장히 무겁게 받아들이고 있습니다.

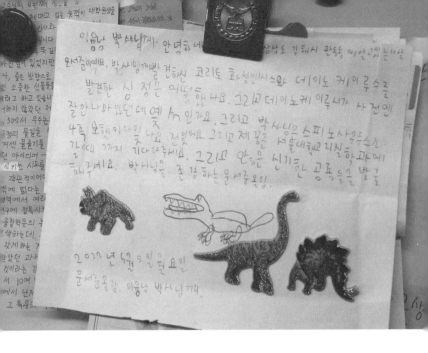

나도 꿈을 꾼 적이 있다. 좀처럼 꿈을 꾸지 않는 편인데 깨어 있는 듯 생생한 의식과 조금은 신비스러운 분위기가 생경해 기억에 남는 꿈이다.

초록 풀밭 위로 백골의 뼈 한 구가 누워 있고 옆으로는 거친 강이 흘렀다. 꿈이지만 의식이 있었던 나는 단번에 누워 있는 백골이 나라는 것을 알 수 있었다. 그리고 백골의 머리맡에는 노란 수선화 한 다발이 놓여 있었다. 꽃을 두고 간 이 누구인가. 꿈임에도 눈시울이 붉어졌다.

이용남과의 인터뷰를 마친 어느 날 오래전 꾸었던 그 꿈이 다시 떠올랐다. 한때 먹고 싸우고 새끼를 키우며 최선을 다해 생을 살다 갔을 멸종한 동물의 뼈 앞에 노란 꽃 한 다발을 놓아주고 싶었다. 죽어 누워 있던 나의 백골이 더 이상 낯설지도 생경하지도 않았다. 죽음 옆에 생생히 살아 있던 한 다발 꽃처럼 생명은 생명으로 이어진다.

생명은 생명으로 이어진다. 지구라는 행성에 최초의 생명이 탄생한 이래 계속되어온 일이다. 영화 〈그래비티〉의 마지막 장면은 이를 압축적으로 보여준다. 이야기는 우리 지구로부터 600km 떨어진 우주 공간에서 시작한다. 주인공 라이언 스톤은 허블 망원경을 수리하는 임무를 수행하던 중 인공위성 폭파 사고로 우주 미아가 된다. 함께 임무를 수행하던 동료의 희생으로 가까스로 귀환선에 몸을 싣지만, 곧 삶의 의지를 스스로 꺼버리는 선택을 하는 그녀. 어린 딸을 황망한 사고로 잃은 이후로 줄곧 그랬다. 살아 있어도 죽은 것이나 마찬가지인 삶. 그러나 죽음을 선택한 순간 그녀는 깨닫는다. 그녀의 생명은 다만 혼자만의 것이 아님을. 딸과의 소중한 기억, 희생한 동료의 삶이 그녀를 통해 이어지고 있음을. 살겠다는 결심을 굳힌 그녀는 지구로 돌아갈 의지를 다진다.

그녀가 탄 귀환선이 빠른 속도로 지구 대기권으로 진입했다.
46억 년 전 우주로부터 튕긴 먼지들이 뭉쳐 지구를 형성했다.
캡슐은 호수에 불시착하고, 해치의 문을 연 그녀가 물속에 모습을 드러낸다.

38억 년 전 지구의 바다에는 최초의 생명이 등장했다.

개구리 한 마리가 그녀를 지나 수면 위로 헤엄쳐 오르고 그녀가 뒤따른다.

약 4억 년 전 물가에는 어류와 양서류가 헤엄쳐 다녔다.

호수와 육지의 경계로 헤엄쳐 올라온 그녀가 두 팔과 두 다리로 호수의 뻘을 짚고 일어서려 한다.

오래전, 바다로부터 올라와 초록 육지로 진출한 사족동물의 조상들이 있었다.

이제 두 발로 서서 지구의 대지를 밟을 차례다.

두 발로 직립보행을 한 인류의 조상 '루시'가 그랬던 것처럼.

Life is changing. 모든 삶은 변화하면서 연속되어 간다.

덧붙이는 이야기

2022년 12월 〈네이처〉 자매지인 국제 학술지 〈커뮤니케이션 바이올로지Communications Biology〉에는 세계 공룡 학계를 뜨겁게 달군 논문 한 편이 실렸다. 이융남 교수와 그의 연구팀이 오늘날의 펭귄처럼 물속에서 잠수하며 물고기를 잡는 공룡의 존재를 밝힌 것이다. '나토베나토르 폴리돈투스 *Natovenator polydontus*'라는 학명을 붙인 새로운 공룡의 존재는 지금까지 육상 동물로만 알려져 있던 공룡이 수상생활도 했으며, 고래처럼 공룡도 다시 물로 돌아갔다는 증거가 될 수 있는 놀라운 발견이다.

꽃들에게 희망을
트리나 폴러스 | 김석희 옮김 | 시공주니어 | 1999

인생 책을 물었을 때 바로 떠오른 것이 《꽃들에게 희망을》이다. 단순한 그림과 짧은 글로 된 그림책이지만, 내게는 세상 사람들이 말하는 성공이 아닌 진정으로 좋아하는 일을 찾아 그것을 따르겠다는 인생의 가치관을 형성해준 책이기도 하다.

왜 오르려는지 이유도 모른 채 서로를 밟으며 맹목적으로 기둥 꼭대기를 향하던 애벌레 떼들의 잔상이 지금도 선명하다. 사회적 지위로 인생을 논하면 행복할 수가 없는 법이다. '밥벌이는 하겠냐'는 만류에도 끝까지 공룡을 연구할 수 있었던 것은 좋아서 했기 때문이다. 그 결과, 지금은 공룡이 나이고 내가 공룡이다.

공룡 사냥꾼

페이지 윌리엄스 | 전행선 옮김 | 흐름출판 | 2020

2012년에 벌어진 '타르보사우루스' 뉴욕 경매 사건의 이면을 추적해 밝힌 논픽션이다. 몽골에서 발굴되어 미국으로 밀반출된 화석의 정체가 탄로 나면서 법정에 서게 된 판매자는 공룡 화석을 밀매한 대가로 모든 것을 잃는다.

이 책의 사건은 개인적으로도 인연이 깊은데, 바로 데이노케이루스의 발굴 및 복원과도 얽혀 있어서다. 2009년 몽골의 고비사막에서 발굴한 데이노케이루스의 뼈 일부가 도굴되어 한 수집가의 수중에 들어갔는데, 뉴욕 경매 사건의 결과에 겁먹은 수집가가 자진하여 화석을 몽골 정부에 반환한 덕분에 데이노케이루스를 완전체로 복원할 수 있었으니 말이다. 이 책의 한국어판 추천사에도 밝힌 바 있는데 고생물학자들과 화석 매매자들 간의 화석을 바라보는 극명한 시각차 역시 이 책의 관전 포인트다.

적당한 거리를 두어야
보이기 시작한다

인공위성
원격탐사 전문가
김현옥

한국항공우주연구원 국가위성정보활용지원센터 선임연구원. 서울시립대학교
조경학과를 졸업하고 독일 베를린공과대학교에서 박사 학위를 받았다. 오래
보아야 예쁘고 자세히 보아야 사랑스럽다는 나태주 시인의 말처럼 지구도 자꾸
들여다보니 더 관심이 가고 알고 싶은 것이 많아졌다. 전 세계 재난재해 지원을
위한 국제협력 사업인 인터내셔널 차터의 한국 측 실무간사로 활동하고 있으며,
대한여성과학기술인회의 총무이사를 맡고 있다.

인류가 우주에서 본 지구의 모습을 최초로 담은 사진은 1968년 아폴로 8호의 우주비행사 윌리엄 앤더스가 촬영한 '지구돋이Earthrise'다. 지구로부터 약 38만 km 떨어진 달 궤도를 돌던 중 달 표면 위로 떠오르는 지구의 모습을 카메라에 담았다. 우주의 검은 어둠 속에서 홀로 떠 있는 지구의 모습은 푸르고, 연약하고, 지켜주어야 할 소중한 존재로 각인되었다.

지구로부터 가장 먼 곳에서 보내온 사진은 보이저 1호가 찍은 것이다. 1990년 2월 14일 해왕성 궤도 인근을 지나던 보이저 1호는 천문학자 칼 세이건의 요구로 카메라를 지구 쪽으로 돌린다. 지구로부터 64억 km 떨어진 우주에서 바라본 지구는 한 픽셀조차 되지 않는 '창백한 푸른 점pale blue dot'이었다. 인류에게는 유일한 보금자리이지만 우주적 관점으로는 그저 '햇빛 속에 떠도는 먼지'일 뿐인 한낱 점 하나.

이들이 보여주는 것처럼 멀리 떨어진 우주에서 지구를 바라보며 겪게 되는 가치관과 인식의 변화를 '조망 효과over-view effect'라고 한다. 내가 어렴풋하게나마 조망 효과 비슷한 것을 경험한 것은 국제우주정거장에서 촬영한 실시간 지구의 모습을 영상으로 처음 접했을 때다.

지구 상공 427km. 너무 멀지도 너무 가깝지도 않은 거리. 인류가 만든 가장 큰 인공위성인 국제우주정거장의 카메라에 찍힌 지구의 모습은 쉽게 깨질 것 같은 연약한 구슬도 광막한 우주의 창백하고 초라한 한 점도 아니었다. 그보다는 압도적인 위용으로 생동하는 물의 행성이었다. 지표면의 4분의 3을 덮고 있는 물은 그저 푸른색과 흰색의 얌전한 조합이 아니라 파도가 일으키는 맥동이었으며 소용돌이치고 꿈틀대고 살아 있었다.

지구가 돈다는 것도, 둥글다는 사실도 알고 있었지만 우묵한 그릇도 아닌 둥근 공 모양의 지구가 단 한 방울의 물도 흘리지 않고 빠른 속도로 자전하고 있다는 사실이 새삼 경이로 다가왔다. 물을 붙들고 있는 힘도. 그 물로부터 나온 최초의 생명이 지금의 나로 이어져왔다는 사실 또한. 바닷가 해변에 앉아 모래밭을 적시는 파도를 바라볼 때와는 다른 차원의 경이와 감동이었다.

64억 km, 38만 km, 427km. 거리가 달라지면 세상을 바라보는 관점도 달라지는 것일까? 아폴로 8호에서 '지구돋이'를 촬영한 지 반세기가 지난 지금, 우리는 우주선을 타고 직접 우주로 나가지 않더라도 인공위성이 보내주는 사진을 통해 지구 곳곳을 둘러볼 수 있게 되었다. 인공위성의 눈으로 바라본 지구의 모습은 우리가 살고 있는 행성에 대해 어떤 성찰의 시점을 제공할까? 지구 상공 500~600km의 저궤도에서 인공위성이 전송한 지구의 사진을 읽는 사람, 인공위성 원격탐사 전문가 김현옥을 만나면 묻고 싶은 질문이었다.

김현옥은 독일 베를린공과대학교에서 '인공위성 영상 자료의 도시 비오톱 유형 도면화와 도시 환경정보 시스템에의 활용 방안'을 연구해 박사 학위를 받았다. 현재는 한국항공우주연구원 국가위성정보활용지원센터 소속으로 전 세계 재난재해 상황 파악 및 복구 지원을 위한 국제협력 사업인 '우주와 대형 재난에 관한 인터내셔널 차터International Charter Space and Major Disasters'의 한국 측 실무를 담당하고 있다.

인공위성은 정해진 궤도만을 돈다. 반면 사람은 자신의 궤도를 수정하며 나아간다. 김현옥은 그녀의 서재 한편에 꽂아둔 한비야의 책 《바람의 딸 걸어서 지구 세 바퀴 반》이나 《지도 밖으로 행군하라》라는 제목처럼 걸어서 지구를 여행하는 사람이 되고 싶었다. 그러나 두 발 대신 인공위성의 눈으로 지구를 탐사하는 길을 선택했다. 지구 밖까지 행군한 그의 궤적을 따라가다 보면, 조금은 다른 관점의 지구를 보게 될지도 모른다.

이른 3월이지만 5월 중순처럼 따스한 토요일 아침. 이상 기후로 인한 현상일 텐데, 야외로 나가기에 좋은 날씨로

구나 하는 철없는 생각을 하며 대전에 있는 항공우주연구원에 도착했다. 때 이른 꽃은 아직이었지만, 언덕 위에는 인공위성의 신호를 수신하는 안테나들이 하늘을 향해 접시를 활짝 펴고 있었다.

구글어스를 비롯해 GPS, 위성방송과 통신 등 인공위성은 우리 삶 속에 들어와 있지만 '인공위성 원격탐사'라는 분야는 다소 생소했어요.

말 그대로 원격이니까 내가 직접 가는 건 아니고요. 지구로부터 멀리 떨어진 우주에 띄워 보낸 인공위성이 영상을 촬영해서 전송해주면 그것을 분석해 정보를 얻어내는 방법이에요.

얼마 전에 있었던 튀르키예 지진처럼(인터뷰는 2023년 3월 초에 이루어졌다) 위성 사진을 통해 지진이나 산불, 홍수 등의 피해를 파악해서 구호팀을 파견할 수도 있고요. 지구온난화로 점점 줄어드는 극지방의 빙하를 모니터링하는 데에도 원격탐사 데이터를 활용할 수 있지요.

지구 관측 인공위성이 촬영한 사진은 어떻게 데이터가 되나요?

인공위성 사진은 현장의 팩트를 담은 데이터예요. 산, 집, 도로 같은 지형·지물의 모습에 위치 정보까지 포함하고 있어요. 센서의 종류에 따라 눈에 보이지 않는 지하의 광물 자원이나 대기 중의 메탄이나 이산화탄소 같은 데이터를 측정해서 담을 수 있다는 점도 일반 사진과 다른 점이죠. 무엇보다 일정 주기로 같은 지역을 계속해서 촬영하기 때문에 데이터가 쌓이면 이를 바탕으로 변화의 추이를 모니터링할 수가 있어요. 최근에는 지구 관측 인공위성의 수가 많아지다 보니 위성 영상 빅데이터와 인공지능 기술이 결합해서 경기 예측과 주식 투자 분야에서도 주목받고 있습니다. 그런가 하면 주요 산유국의 오일탱크 지붕의 그림자 변화를 조사해서 원유 저장량을 알아내고 유가 변동을 예측한 사례도 있지요.

'인공위성을 타고 여행한다면'이라는 상상도 해봤습니다. 북극의 오로라와 칠레의 사막, 남태평양의 섬들을 하루에 다 돌아볼 수 있겠죠? 방금 브라질을 지났는데 10분 후에는 대서양 바다에 도착해 있다거나.

어느 궤도냐에 따라 다르지 않을까요? 3만 6000km 상공에서는 위성이 지구와 같은 속도로 움직여요. 그래서 우리가 봤을 때는 마치 위성이 고정된 한 점에 정지해 있는 것처럼 보여서 정지궤도라고 하는데요. 한 면에만 시선을 고정하고 있기 때문에 시간에 따라 일어나는 변화를 짧은 간격으로 모니터링하기에 좋아요. 일기예보에서 보던 구름의 이동 모습이나 대기의 흐름 같은 것을 생각하면 돼요. 다만 멀리 있기 때문에 지구 전체를 한눈에 담을 순 있지만 자세한 건 보기 어려워요. 자세히 보려면 가까이 가야죠.

제가 보는 지구 관측 위성은 지구 가까이, 500~600km 상공의 저궤도를 돌고 있습니다. 지구는 동서 방향으로 자전하는데 위성은 남북으로 공전하기 때문에 지구를 그야말로 샅샅이 둘러볼 수 있지요. 그것도 하루에 열다섯 번이나요.

하루에 열다섯 번이나 지구를 공전한다니, 대략 90분의 세계 일주네요! 얼마나 빠른 거예요?

초속 7.8km 정도요. 총알이 초속 400m라는 걸 생각하면 엄청난 속도죠. 지구가 자전하는 속도도 굉장히 빠른데(적도 부근에서는 시속 1660km) 심지어 그 위를 지나가면서 초점에 맞게 사진까지 찍을 수 있다니 과학기술이 정말 대단하지 않나요. 게다가 바로 위에서 찍은 것처럼 지붕의 굴뚝과 자동차의 차종까지 구분할 수 있을 정도거든요. 그러니까 저 위에서 누군가 자동으로 돌면서 스마트폰으로 사진을 찍어 나한테 전송해주고 있는 거예요.

인공위성 원격탐사의 세계에 발을 들이게 된 계기가 궁금해요.

이곳에서 일하다 보면 어렸을 때 밤하늘을 보면서 또는 아폴로 11호가 달에 착륙하는 모습을 TV에서 보고 우주에 대한 꿈을 키웠다는 사람을 많이 만나게 되는데요.

그런데 저는 우주까지는 아니고 비행기를 타고 전 세계를 여행하면서 살면 좋겠다는 생각을 많이 했어요. 아버지가 장남이라 할아버지 할머니와 같이 살았거든요. 좁은 집에 대가족 그리고 형제까지 복닥거리다 보니 뭔가 집이라는 것이 되게 답답하다, 나 여기 좀 벗어나고 싶다는 생각이 있었던 것 같아요. 초등학교 때 친구들이 해외 출장 다녀온 친척한테 지우개 달린 연필 같은 것을 선물받았다고 자랑하면 그게 참 부러웠고요. 다른 나라 사람들은 어떻게 살까, 서로 이름을 부르며 존댓말을 쓰지 않는다고 하던데 정말 그럴까 궁금해하곤 했어요. 대학 때는 해외여행이 자유화되면서 배낭여행이 한창 인기였는데, 한비야 작가의 《바람의 딸 걸어서 지구 세 바퀴 반》 같은 책을 읽고 나도 여행하며 글을 쓰는 사람이 되고 싶었죠. 그렇지만 경제적 형편도 그렇고 보수적인 집안 분위기 때문에 직업으로 선택할 용기는 없었던 것 같아요.

사실 조경을 전공한 것도 답사나 여행을 많이 다닌다는 점 때문이에요. 고등학교 때 짝꿍의 아버지가 조경업을 하셨는데, 출장이 잦더라고요. 그리고 고등학교 졸업하자마자 가장 먼저 한 게 뭔 줄 아세요? 운전면허 딴 거예요.

어떻게든 집을 나와보겠다는 결연한 의지가 느껴집니다.

정말 그렇죠? 그런데, 기억하실지 모르겠어요. 1990년대인데, 그때는 운전석 옆에 도로교통 지도책을 놓고 다녔어요. 내비게이션이라는 게 없었어요. 지금 우리 아들한테 이 이야기를 하면 "도대체 어떻게 살았어?" 하며 상상을 못해요. 대학 다닐 때 여행을 다니려면 용돈이 필요했는데, 당시 정보화 사회로의 전환이라는 분위기 속에서 종이 지도를 디지털화하는 아르바이트가 많이 들어왔어요. 보수가 제법 괜찮았어요. 그게 계기가 되어서 지리정보학에 관심을 갖게 되었고, 서울시정개발연구원(현 서울연구원)에서 생태도시 수립을 위한 비오톱 지도 제작에도 참여하면서 일반인은 접근할 수 없었던 고해상도의 위성 데이터들을 접하게 된 거예요. 완전 신세계였죠. 이런 게 있나 싶었어요. 내가 직접 가지 못해도 세계 곳곳을 구경할 수 있다는 데 꽂힌 거예요. 딸이라 혼자 못 보낸다는 부모님을 어렵게 설득해서 독일로 유학을 갔어요. 독일은 임업을 중심으로 원격탐사 기술이 크게 발달했고, 제2차 세계대전 후 동서로 분단되어 있는 동안 특히 서베를린을 중심으로 도시생태학이 발달했어요. 베를린공대에서는 도시생태학을 기본으로 자연환경 모니터링을 위

한 공간정보 구축이라는 측면에서 원격탐사를 본격적으로 공부했지요.

인공위성의 눈으로 본 지구

조경에서 도시생태학, 인공위성 원격탐사로 이어지는 행보에 공통된 주제가 있다는 인상을 받았어요. 뭘까요? 나무보다는 숲을 조망한다는 점일까요?

제가 나무보다 숲을 보는 사람인지는 잘 모르겠어요. 그보다 제 관심은 공간이고요. 공간이란 결국 거기에 살고 있는 우리와 관련된 이야기입니다. 조경은 공공의 공간을 설계하는 일이고 도시생태학은 자연 안에서의 관계를 인간종과 그들의 서식처인 도시까지 확장해서 보는 것이라면 인공위성 원격탐사는 도시와 국가를 넘어 지도 밖으로 나와 지구라는 공간을 바라봐요. 게다가 인공위성의 좋은 점 중 하나는 일정 주기로 반복해서 같은 장소를 본다는 거잖아요. 아기가 태어나면 성장 앨범 만들어주고 그걸 보면서 "너 태어났을 때 발이 요만했지, 이때 처음 걸었지" 하는 것처럼 원격탐사도 그래요. 한 장 한 장의 사진도 여러 가지 정보를 제공해주지만, 오랜 기간 반복해서 촬영된 사진에는 그 이면의 공간과 시간이 중첩되며 켜켜이 쌓여 있는 스토리가 있어요.

인공위성 사진을 지구의 성장 앨범에 비유하신 표현이 마음에 와닿네요. 지구의 사진첩을 펼쳤을 때 특히 감동적이었던 이야기나 장면이 있다면 들려주세요.

'레나 델타'라고, 러시아 레나강의 삼각주를 촬영한 위성 영상이 있어요.

박사님의 책 《처음 읽는 인공위성 원격탐사 이야기》에 소개해주셔서 저도 무척 인상적으로 본 곳이에요. 강물과 지형이 혈관처럼 꿈틀대는 듯한 뭔가 원형질의 느낌 같은 것이 전해졌어요. 색채와 형태도 무척 흥미로웠고요.

보고 있으면 참 아름답지 않나요? 액자에 끼워놓으면 어느 화가의 작품이라고 해도 손색이 없죠. 그건 인간의 눈으로 지각할 수 없는 영역까지 볼 수 있는 데서 오는 감동인 것 같아요. 우리 눈은 가시광선만 인식할 수 있는 데 반해 인공위성 카메라는 열로 느끼는 것(근적외선)까지도 시각화해서 보여주거든요.

레나강 삼각주도 마찬가지입니다. 우리가 지금 여행을 가서 그곳을 본다면 그냥 강과 모래톱과 숲이 있는 평범한 모습일 거예요. 그런데 위성 영상으로 보면 독특한 패턴과 색들이 펼쳐지잖아요. 맨눈으로 볼 수 없는 지형의 물리적 특성을 색으로 보여주는 거예요. 노란색으로 나타나는 곳은

1만 년 전 빙하의 흔적, 보라색으로 보이는 곳은 8000년 전 해수면 상승으로 형성된 점토층, 주황색으로 보이는 곳은 6000년 전 침식으로 인한 사질 토양… 이런 식으로 말이죠. 그곳에 지금과 같은 숲이 형성되기 전에 무엇이 있었는지 1만 년에 걸쳐 켜켜이 쌓아온 시간을 눈으로 보는 거예요.

아폴로 11호를 타고 인류 최초로 달에 간 마이클 콜린스는 《달로 가는 길》에서 우주에 나가 바깥에서 지구를 바라보는 경험을 하고 나면 지구를 바라보는 시각이 크게 변한다고 고백했어요. 평생 발을 딛고 걷던 익숙한 지구가 20만 km 상공에서 본 푸르고 연약한 지구로 다가온다고요. 김현옥 박사님에게 인공위성의 눈으로 본 지구는 어떤 곳인가요?

우주에서 바라본 지구를 떠올리면, 보통 '창백한 푸른 점', '경계도 국경이란 것도 없는 하나의 지구' 이런 이야기를 많이 합니다. 그것도 맞는 말이지만, 저는 그렇게까지 넓게 본 건 아니고 주로 지구 저궤도에서 고해상도로 찍은 영상들을 보잖아요. 그러다 보니까 제가 보는 지구는 한 점이 아니라 굉장히 넓습니다. 한 발짝 더 안으로 들어가면 자연의 풍경, 사람이 만들어내는 것들, 그들이 섞여서 변화해가는 모습이 무척 다이내믹해요. '오래 봐야 예쁘고 자세히 봐야 사랑스럽다'는 말이 있는데, 지구라는 공간이 제게는 딱 그런 느낌

이에요. 봐도 봐도 볼 게 또 있고 더 보고 싶은….

**멀리 우주까지 나가서 지구의 사진을 찍고 데이터를 얻는
이유는 무엇인가요?**

기후 위기나 팬데믹처럼 우리가 당면한 문제들은 복잡하게
얽히고 연결되어 있어요. 북극의 빙하가 녹는데 왜 멀리 있
는 우리나라에 한파가 닥치는지, 미국과 중국의 무역 갈등
이 어째서 아마존 열대우림의 불법 산림 벌채의 증가로 이
어진다는 것인지… 쉽게 납득은 안 되지만 서로 연결되어
있는 현상들을 이해하려면 좁은 시야에서 벗어나 지구를 하
나의 시스템으로 바라볼 필요가 있습니다. 이때 지구 관측
인공위성으로부터 얻은 데이터들은 세계 각국의 역사와 변
화의 추이를 보여주는 중요한 자료가 됩니다. 때로 적당한
거리를 두어야 보이는 것들이 있어요. 나, 우리, 동네, 국가
를 넘어 우주 공간에서 지구를 관찰하고 탐구하는 인공위성
데이터는 우리 자신의 문제를 종합적이고 객관적으로 바라
볼 수 있는 넓은 시야를 제공합니다.

지구 관측 원격탐사는 지구에서 수백 킬로미터 떨어진 인공위성에
탑재된 카메라를 통해 빛에너지를 촬영하는 공학기술이다. 그렇지
만 결국에는 자연 환경과 인간에 대한 이해라고 김현옥은 강조했다.

예쁘고 사랑스러운 마음으로 자세히 보고 오래 보아야만 알 수 있는

것들이 있다고.

그래서일까. 인공위성의 눈으로 지구를 읽는 김현옥의 모습에는 책

의 행과 행 사이를 건너며 이야기의 맥락을 더듬어 나아가는 독자의

모습이 겹쳐진다.

《지구 끝의 온실》,《밤의 여행자들》,《천 개의 찬란한 태양》,《나

무》,《달샤베트》,《욕망이 멈추는 곳, 라오스》. 그녀의 책장과 대출

목록에서 찾은 책들의 제목이다. 소설《밤의 여행자들》속 재난을 상

품화하고 소비하는 사람의 행태는 지구온난화를 대하는 우리의 태

도를 돌아보게 한다고 했다. AI와 같이 고도로 발달한 과학기술과 가난하고 소외당하는 사람들의 삶이 대비될 때는 베르나르 베르베르의 단편집 《나무》에 들어 있는 〈은둔자〉라는 소설을 떠올리며 과학기술의 역할에 대해 자문해보곤 한다고 했다. 과학자의 서재에 과학책보다 소설이 많은 이유를 김현옥은 이렇게 말한다. 우리가 과학을 연구하는 초점이 지식보다는 함께 살아가는 사람들의 삶을 나아지게 하는 데에 맞추어졌으면 좋겠다고. 사람에 대해 더 많이 배우고 알 수 있는 것이 과학보다는 문학이어서 소설이나 에세이를 즐겨 읽는다고.

인터뷰를 시작할 때만 해도 내 시점은 줄곧 지구 밖 먼 곳에 머물렀던 것 같다. 지구 밖에서 지구를 본다는 흥분과 NASA의 홈페이지에서 볼 수 있는 인공위성이 촬영한 아름다운 지구 사진들, 우주인들이 경험한다는 인식의 변화 같은 주제에 끌렸던 것도 사실이다. 그런데 김현옥은 그런 내 손을 자꾸 아래로 아래로 잡아끌었다. 조금 더 가까이 내려와 자세히 들여다보자고.

지구라는 행성의 행간을 읽는 그녀의 눈은 무엇보다 이곳에 사는 사람들의 삶을 향하고 있었다. 그리고 나는 그런 모습에서 끊임없이 일과 삶을 일치시켜 나가려는 한 과학자의 태도를 읽는다.

타인에게 응답하는 삶

전 세계 재난재해 지원을 위한 국제협력 사업인 '우주와 대형 재난에 관한 인터내셔널 차터'의 한국 측 실무를 담당하고 계세요. 지구의 당면한 기후 위기, 현장에서 누구보다 실감하실 것 같아요.

'우주와 대형 재난에 관한 인터내셔널 차터'는 태풍이나 폭설, 화재 등 전 지구적 규모의 자연재해가 발생했을 때 가동돼요. 인공위성을 보유한 전 세계 17개의 우주개발 기관들이 자국의 위성을 총동원해 재난 지역을 신속히 촬영해 지원하고 있죠. 그런데 제가 안타깝게 생각하는 점은 우리 언론과 사회가 글로벌한 문제에는 관심이 적다는 거예요. 온통 내부의 정치 문제와 사실 확인에만 집중되어 있죠. 먼 곳에서 일어나는 기상이변과 기후 위기로 점점 잦아지는 대형 재난이 지금 이곳에서 나의 삶과 어떻게 연결되어 있는지 뉴스를 통해 듣고 보는 게 없으면 어떻게 생각이라는 걸 하겠어요.

지금도 뉴스에는 튀르키예 지진 하나만 크게 보도되고 있는데, 사실 2023년 2월 초부터 아프리카에 연달아 세 개의 큰 사이클론이 강타하면서 현재 차터에 오픈된 촬영 요청만도 12개나 되거든요. 대체로 일주일에 한두 건 이상 세계 어느 곳에서는 초대형 재난이 발생하고 있어요. 하나같이 다 '이 례적', '사상 초유', '최악'이라고 할 만큼 피해 규모도 점점 커 지고 있고요. 그런데 차터에 접수되는 자연재해의 4분의 3 정도가 뭔지 아세요? 태풍과 사이클론, 허리케인, 산사태 같 은 것들이에요. 무슨 말이냐 하면 상당 부분이 기후 위기에 따른 해수면 온도 상승이 원인이라는 거죠. 저는 재난이 벌 어지는 상황을 계속 보고 있어서 그런지 우리가 극단을 향 해 가고 있다는 것을 너무 실감하는데, 사람들에게는 잘 와 닿지 않나 봐요. (생각에 잠기듯 말끝을 흐리며) 이유가 뭘까요?

우리는 보통 재난재해를 뉴스의 헤드라인이나 숫자로 접 해요. 하지만 실제로 그 속에 들어가 보면 누군가의 구체적 인 삶이 있는 거잖아요?

그러니까 생각나는 게 있어요. 혹시 2018년, 라오스에서 있 었던 댐 붕괴 사고 기억하세요? 댐 건설에 우리나라 기업도 ODA 사업의 일환으로 참여했는데요. 집중호우가 있었고 댐이 붕괴하면서 어마어마한 물이 마을을 덮쳐서 그때도 차 터가 가동됐어요. 그런데 라오스는요, 제가 기억하고 있는 라오스가 있거든요. 2008년 독일문화원에서 개도국 교육 지 원을 위해 마련한 서머스쿨로 라오스를 방문했었어요. 그때 찍은 사진들이 있어요. (김현옥은 노트북을 꺼내 폴더 안에 소중히 저장해둔 사진들을 하나씩 열어 보여주었다.)

나무로 벽을 치고 초가로 지붕을 얹은 집들이에요. 학교에 가는 아이들의 가방도 풀을 엮어 만든 것 보이시죠. 닭들도 사람을 무서워하지 않고 태연하게 마을 안을 돌아다녀요. 그토록 자연스럽고 순수한 삶의 풍경을 보면서 마치 다른 세상에 온 듯 꿈결 같은 상태에 빠졌던 것 같아요. 사실 그곳에 가기 전까지 동남아시아 국가들에 대해서는 깊이 아는 것이 없었어요. 라오스 역시 프로그램에 참가한다는 가벼운 마음으로 방문했던 건데, 너무나 순수하고 깨트리고 싶지 않은 눈빛들을 본 거예요. 불공을 드리기 위해 이른 아침마다 꽃을 사서 사원으로 향하던 사람들의 모습이 기억나요. 야시장에서 흥정할 때도 손님의 마음을 아프게 하고 싶지 않다며 원하는 가격을 먼저 말해보라고 하던 낯선 친절을 경험했어요. 사고 소식을 접했을 때 이 모든 순간과 기억들이 몰려왔어요. 세상에서 가장 선하고 욕심 없는 사람들, 그들의 집과 마을은 덮쳐오는 물에 얼마나 속수무책이었을까, 이렇게 쓸고 가버리면 그 안에 살던 사람들은 어떻게 되나….

지금 또 울컥하세요.

라오스를 생각하면 그렇게 돼요. 비록 나와 직접적인 친분

이나 이해관계가 있는 사람들은 아니지만, 그곳에 가서 사람들을 만났고 그들이 살아가는 모습을 보았으니까요.

지구온난화가 근본적인 문제이니까 온실가스를 줄이기 위해 우리 다 같이 소비를 줄여야 한다고 주장하면 너무 막연하잖아요. 대전제만으로는 구체적인 행동을 이끌어내기가 어렵습니다. 그런데 조금 더 자세히 들어가서 지구온난화로 인해 피해를 입고 있는 사람들이 누구인지를 안다면, 비록 직접적으로는 아닐지라도 우리의 행동에 영향을 미쳐서 뭔가 변화를 일으킬 수 있지 않을까요.

너의 자리에 나를 넣어보는 공감과 감수성의 회복이 먼저라는 이야기로도 들려요. 그것이 지구 차원의 생태계일 수도 있고, 선량한 눈빛의 이웃일 수도 있을 테지요.

그래서 저는 책도 지식이나 정보보다는 이야기가 있는 책을 좋아해요. 나와 더불어 살아가는 사람들, 타인의 삶이 나의 삶과 어떻게 연결되어 있는지 공감하게 해주는 건 문학인 것 같거든요. 소설이고 시이고 수필인 것 같아요.

측정할 수 없으면 개선할 수 없다

기후 위기 하면 시스템이 바뀌어야지 전체의 극히 작은 부

분인 내가 무엇을 할 수 있을까 하는 무력감이 드는 것도 사실이거든요. 그런데 지구에서 우리가 겪는 문제는 모두 연결되어 있으니까, 오히려 연결되어 있어서 '작은 변화라도 의미 있는 변화를 촉발할 수 있다'는 생각을 해볼 수 있을 것 같습니다. 인공위성 원격탐사 기술은 기후 위기와 같은 지구의 당면한 문제를 해결하는 데에 어떻게 도움이 될 수 있나요?

자연 환경과 기후 위기, 그로 인한 재난이나 빈곤, 건강, 교육, 평등의 문제는 별개의 것이 아니라 다 얽혀 있는 게 맞아요. 동남아시아나 아프리카처럼 사회 기반시설이 취약한 지역들은 홍수나 태풍, 사이클론 같은 게 한 번 지나가고 나면 그 피해가 굉장히 클 수밖에 없습니다. 집과 건물이 무너져서 입는 직접적인 피해도 있지만 식수원이 오염되는 바람에 콜레라 같은 전염병이 돌아서 죽는 사람이 더 많고요. 특히 부모를 잃은 아이들은 당장 생계가 급하다 보니 학교에 가지 못해요. 결국 교육의 기회를 놓쳐 저임금 노동에 내몰리게 되고요. 이렇게 가난한 삶이 반복되면서 재난으로 인한 사회적 불평등은 계속 심화되는 거예요.

현재 재난 상황에 대한 기본적인 대응은 위성 사진을 통해 이미 벌어진 사건의 피해 규모를 파악하고 지원하는 일이지만, 원래 재난은 안 생기는 게 제일 좋은 거예요. 그러려면 사전에 막을 수 있어야 하고, 사전에 막으려면 취약한 부분을 파악해서 문제가 생기지 않도록 계획을 세워 관리해야 합니다. 그렇다면 이를 위해 필요한 게 뭘까요? 제가 좋아하는 말이 '측정할 수 없으면 개선할 수 없다'인데요, 문제가 무엇인지 정량적으로 진단하고 목표를 세워 지속적으로 모니터링해야 한다는 뜻이에요. 지구 관측 위성은 객관적인 데이터를 바탕으로 이를 실행할 수 있는 아주 유용한 수단입니다.

예를 들어주시겠어요?

요새 탄소중립이 많이 논의되고 있는데요. 단순히 산업단지에서 배출되는 온실가스가 많다는 사실만으로는 구체적으로 문제가 무엇인지, 어떻게 해야 낮출 수 있는지 막연할 수 있어요. 하지만 정확한 위치에 기반한 위성 데이터를 활용하면 공장별로 배출되는 온실가스의 종류와 양을 측정함으로써 시설의 노후화가 원인인지, 사고에 의한 것인지, 허가받지 않은 불법 행위가 있는지까지 파악할 수 있죠. 기업의 입장에서도 정량적인 근거가 있으면 좀 더 쉽게 대책을 마련할 수 있고, 정부 역시 모니터링을 통해 인센티브를 주거나 벌금을 부과하는 등 규제할 수단을 가지게 되는 거고요.

우주라고 하면 우리의 관심은 주로 개발에 초점이 맞추어져 있는 것 같은데요. 한편으로는 지구를 오염시키더니 이제는 우주까지 나가서 망쳐놓으려는 거냐는 시선도 있습니다. 어떻게 생각하세요?

제가 외부 강연을 나가면 꼭 물어보는 게 있어요. "여러분, 누리호 발사 성공했다고 다들 박수치셨죠. 그런데 우리가 누리호 개발하면 그것으로 무엇을 할 수 있을까요? 왜 하는 걸까요?" 그러면 나오는 대답이 대부분 '여행'이에요. 우주에 나가는 건 막대한 예산이 들어가는 일입니다. 누리호를 개발하는 데만 2조 원이 들었는데, 그럼 국가에서 전 국민의 우주여행을 위해서 이걸 하는 걸까요? 세계에서 일곱 번째로 기술 획득에 성공했다는 점만 중요하게 부각되는데, 일곱 번째라는 것이 어떤 의미가 있는지, 우리가 사는 여기 이 세상에 아파하는 사람들이 이렇게나 늘어나고 있는데 우리가 이 기술로 무엇을 할 것인지에 대한 고민과 사회적 합의가 먼저 필요한 게 아닐까요?

김현옥 박사님이 찾은 답은 무엇인가요?

바깥에서 봤을 때 지구가 마냥 아름답지만은 않고, 들여다보면 환경과 지구온난화를 비롯한 여러 가지 문제가 있으니 우주가 우리의 사고를 조금 바꾸면 좋겠다고 생각합니다.

김현옥

제가 찾은 답은 지구 관측 위성을 통해 우리의 삶을 나아지게 한다는 데 있죠. 유엔이 제시한 '누구도 소외되지 않는 인류 모두를 위한 지속가능한 발전'이 구호에 그치지 않고 실제로 성공하려면 세부 목표와 그 실천 지표를 측정할 수 있는 데이터가 필요합니다. 그 데이터를 얻으려면 지구 바깥으로 나가야 하고, 지구 밖으로 위성을 보내려면 로켓이 필요하다는 것을 사람들이 하나의 흐름으로 이해하면 좋겠어요. 한번은 제가 이런 주제로 강연을 했더니 끝나고 한 중학생 친구가 찾아왔어요. 자기는 인공위성 만드는 사람이 되고 싶어서 어떻게 하면 그 일을 할 수 있을지 항공우주연구원에 대한 자료도 찾아보고 했는데, 정작 위성이 어떤 일을 하는지는 미처 생각해보지 못했다고 하더라고요.

우주기술은 어떻게 사용하느냐에 따라 평화의 수단이 될 수도 있고 전쟁의 도구가 될 수도 있어요. 내가 추구하는 바가 그냥 단순히 목적지에 도달하는 것이 목표인지 아니면 그 과정에서 좋은 사람들과 함께하는 게 목적인지에 따라서 가는 길도 달라지는 것처럼, 우주개발에 대해서도 우리의 출발점을 공유하고 목표와 방향에 대해 함께 토론하고 발전시키는 과정이 있으면 좋겠어요. 그건 어렸을 때부터 훈련이 필요한 일인 것 같은데요. 우리 학생들이 최초로 인공위성을 발사한 나라가 어디인지, 그런 건 잘 알아요. 그렇지만 왜

김현옥

필요하냐는 질문에는 답을 잘 못하죠. 아이들이 똑똑하지 않아서가 아니라 지금까지 우리의 접근 방법이 기술의 획득에 맞추어져 있었기 때문이에요.

대한여성과학기술인회에서도 여러 가지 활동을 하고 계세요. 대한민국에서 여성 과학자로 산다는 것에 대해 질문을 드리려다 고민했어요. 여직원, 여배우 같은 말은 일상 속의 성차별 언어로 지양하고 있는데, 과학자 앞에는 여성을 붙여도 되나 하고요.

우리 사회의 의식이 조금씩 높아지고 있다는 건 반갑고 환영할 만한 일이지요. 하지만 과학계에서 여성은 여전히 소수이고 기울어진 운동장에서 뛰고 있는 격이기 때문에 이런 문제의식을 부각하기 위해서라도 아직은 유효한 표현인 것 같아요. 여기 항공우주연구원도 직원이 1000명 넘는데 그중에 여성 과학자와 기술인은 80명 남짓이에요. 우리나라 과학계 전체로 봐도 20%가 안 되고요. 그렇다 보니 진로를 고민하는 학생들에게도 영향을 미치는 것 같아요. '아, 거기 가면 쉽지 않겠다'는 생각을 할 수 있으니까요.

지금도 가끔 생각해봐요. 집을 떠나 세상을 여행하는 사람이 되고 싶었는데 그때 왜 그러지 못했지? 훌쩍 떠난 사람과 그러지 못한 나의 차이는 뭐였을까? 어떤 집안의 분위기, 큰딸이니까 큰누나이니까 안 된다는 문화가 있었던 것 같아요. 어떻게 보면 제가 쉬-스페이스 인터내셔널She-Space International(고등학교 여학생을 대상으로 한 지구 관측 원격탐사 교육)과 같은 멘토링 프로그램에 참여하는 것도 이런 이유예요. 스스로 알을 깨고 나오는 건 힘이 들고 시간이 걸리는 일인데, 내가 조금 더 어렸을 때 누군가 '해도 괜찮아!'라는 걸 보여줬다면 어땠을까?

조직과 사회의 문화 역시 중요한데요. 이를 더 이상 여성들만의 문제로 고립시켜 보지 않고, 사회적 가치의 문제로 받아들이고 함께 갈 필요가 있지요.

저는 오늘의 인터뷰가 어떻게든 좁고 복닥거리는 집을 떠나고 싶었던 소녀가 세계를 돌고 돌아 더 큰 집 '지구'를 발견한 이야기로 들립니다. 어떠세요, 당장 우주로 떠날 수 있는 티켓이 있다면 가시겠어요?

지구에 남아야죠. 공상과학 영화에 보면 미래의 지구는 사람이 도저히 살 수 없을 정도로 삭막한 곳이고 우주의 새로운 행성이 대안인 것처럼 그려지곤 하는데, 그래도 결국 우리가 지키고 살아야 할 곳은 여기 지구 아닌가요. (잠깐 생각하다가) 그런데 살러 가는 게 아니라 여행인가요? 그렇다면, 한번 가보고 싶네요. 진짜 우주에 나가서 창백한 푸른 점을 보고 우주적인 관점에서 지구가 얼마나 소중한지를 깨달을 수 있다면. 그래서 그 경험이 지구에 있는 우리의 삶을 조금 더 나아지게 하는 데 도움이 될 수 있다면. 그런 거라면요.

달빛이 소년이 잠든 방의 창을 비춘다. 마당에는 낮에 만든 눈사람이 서 있다. 시계가 밤 12시를 알리자 소년은 잠에서 깨고 눈사람도 눈을 뜬다. 레이먼드 브릭스의 그래픽노블을 원작으로 한 애니메이션 〈스노우맨〉의 한 장면이다. 소년과 눈사람이 스노우맨의 고향인 북극을 향해 손을 잡고 비상할 때 '우리는 하늘을 걷고 있어요'로 시작하는 가사의 노래가 아름다운 보이 소프라노의 목소리에 실려 차가운 밤하늘 위로 흐른다.

밤바다와 같은 하늘을 날아 소년은 무엇을 보았나.
사람이 사는 마을의 지붕과 눈 쌓인 숲을 보았다.
지붕 아래 어느 집에서는 산타클로스를 만날 기대에
들뜬 아이가 뜬눈으로 밤을 지새우고 있다.
숲속 어딘가에서는 곰들이 겨울잠에 들어 있을 것이다.
또 무엇을 보았나. 얼음 산이 떠다니는 바다.
파도 위로 힘차게 솟구쳐 오르는 북극고래를 보았다.

그런데 이 밤의 모든 것은 소년의 환상이고 꿈이었을까. 아침 일찍

잠에서 깨 마당으로 나간 소년은 모자와 목도리만 남긴 채 녹아버린 눈사람을 보게 된다.

아침이 오고 해가 뜨면 눈사람은 녹는다. 그런데, 북극고래는? 스노우맨의 고향은? 지구라는 가족의 성장 앨범에서 우리는 이들을 계속 볼 수 있을까? 사람이 사는 마을의 지붕 아래에서 아이들의 이야기는 계속 쓰일 수 있을까?

더 늦기 전에 우리는 이 궤도를 수정할 수 있을까?

지구 관측 인공위성이 지구를 네 바퀴 돌 만큼의 시간 동안 김현옥의 손을 잡고 그녀가 어여삐 여기고 안타깝게 여기는 지구의 몇몇 곳들을 돌아보고 나오는 길. 5월 중순처럼 따듯한 3월 초, 지구의 어느 곳에선가는 좀 더 혹독한 방식의 이상 기후로 값을 치르고 있을 터였다. 우주로 쏘아 올릴 로켓 발사체를 형상화한 조형물이 서 있는 항공우주연구원의 정문을 통과해 나오며 생각했다. 좋은 우주인이 되기 위해서는 좋은 지구인이 되는 게 먼저다.

욕망이 멈추는 곳, 라오스
오소희 | 북하우스 | 2009

현지인들의 삶과 기록하는 자의 인생관이 녹아 있는 여행 에세이를 좋아한다. 이 책은 서점을 둘러보다 '욕망이 멈추는 곳'이라는 제목에 이끌려 바로 집어들었다. 책장을 열자 2008년 독일문화원의 지원을 받아 서머스쿨 교육차 방문했던 라오스의 풍경과 깨끗하고 순박한 그곳 사람들의 눈빛이 오롯이 살아났다. 고급 호텔의 럭셔리한 풀 패키지 여행이 아니다. 저자는 어린 아들과 함께 현지에서 머물고 생활하며 그곳 사람들의 삶 속으로 직접 들어가 경험하고 맺게 된 만남들을 진솔한 태도로 들려준다. 진짜 여행은 여행이 끝난 후에 나를 성장시킨다는 이야기에 고개를 끄덕이게 된다. 누구에게라도 선물로 주고 싶은 책이다.

인간의 그늘에서

제인 구달 | 최재천·이상임 옮김 | 사이언스북스 | 2001

10여 년도 더 전에 읽은 책이지만 코로나 19를 겪으며 다시 책장에서 꺼내 펼쳐보게 되었다. 세계적인 영장류학자 제인 구달이 탄자니아 곰베 지역의 침팬지 사회에 들어가 그들의 생활을 근거리에서 관찰한 기록이다. 인류가 야생의 영역을 침범함으로써 생긴 팬데믹은 과연 코로나19로 끝일까? 우리의 공간을 인수감염이나 전염병으로부터 지키고 싶다면 다른 생물들의 영역에 대한 이해와 존중이 필요하다. 《인간의 그늘에서》는 인간 중심주의에서 벗어나 지구를 하나의 생태계로 바라볼 수 있는 시야를 제공한다.

김현옥

과학관을
엔지니어링하기

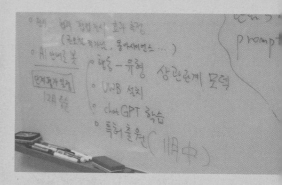

서울시립과학관장
유만선

연세대학교 기계공학과를 졸업하고 동 대학원에서 박사 학위를 받았다.
고온의 가스로부터 로켓 부품, 초음속 비행체를 보호하는 열차폐체 설계에
필요한 열전달 현상을 연구했으며, 일본 우주항공연구개발기구, 미국
스미스소니언 재단에서 방문 연구원을 지냈다. 국립과천과학관을 거쳐
지금은 서울시립과학관장으로 과학기술을 전시나 교육, 문화 행사의 형태로
시민들에게 전달하는 일을 총괄하고 있다.

촉이 왔다. 라디오 신규 코너로 기획한 〈과학자의 서재〉
에 반드시 한 번은 과학관에서 일하는 사람을 게스트로 초대
해야겠다는 촉. "과학관 가봤어? 그런데 거기서 누가, 어떤
일 하는지 본 적 있어?" 계획만으로도 흥이 차올랐다. 촉이
라 함은 흥행의 예감이요, 흥은 일정 부분 사심의 발로였다.
늘 무대보다는 무대 뒤에서 일하는 사람들의 정체와 에너지
에 호기심이 동하곤 했으니까. 고등학교 때 뮤지컬 〈코러스
라인〉을 본 후 '저 무대 뒤! 저 무대 뒤에서 일하는 사람이 되
고 싶다'라는 일념으로 방송국에 입성했으며, 영화 〈탑건〉의
오프닝 시퀀스에서는 전투기 조종석의 톰 크루즈보다 항공
기 이륙을 준비하는 항공모함 갑판 요원들의 수신호에 심장
박동이 빨라지곤 한다. 그렇지만 과학관을 좋은 아이템으로
떠올렸다고 해서 과학관과 친했냐 하면 그건 아니었다. 학
창 시절 단체 관람, 아이들이 어릴 때 한두 번 가본 것이 전
부인 과학관의 추억은 죽은 동물의 뼈들과 전시를 위해 내
부가 발가벗겨진 기계장치들, 교과서 일부를 옮겨놓은 듯
영혼 없는 전시 해설, 그럼에도 한 번은 가볼 만한 곳 정도로
요약할 수 있었다. 적어도 유만선을 알기 전까지는 그랬다
는 이야기다.

유만선은 2007년 국립과천과학관이 골조 상태로 첫 삽
을 뜰 때 입사해 무려 15년 동안 과천과학관의 탄생과 성장

을 함께했으며, 2023년 1월부터 서울시립과학관장으로 자리를 옮겨 재직 중이다. 과학관, 그것도 공공기관에서 평직원으로 잔뼈가 굵은 사람이 기관장이 된 특별한 사례가 아닐까? 방송 섭외 당시 출연자를 물색하던 나에게 유만선이 눈에 띄었던 것은 그가 과학기술 전시물 및 교육 콘텐츠 기획이라는 본업 외에도 다방면에서 '열일'을 하고 있었기 때문이다. '과학관 뉴스'와 같은 과천과학관의 공식 유튜브 콘텐츠 제작은 물론, 익명의 'K2'로 나름 핫한 과학 팟캐스트의 게스트로도 활약했으며, 2013년 국내 최초의 공공 메이커 스페이스로 과천과학관 내에 문을 연 '무한상상실'의 제작자이자 운영자이기도 했다. 게다가 과학자 밴드 '더 사이언티스트The Scientists'가 2016년에 발매한 밸런타인데이 러브송 〈엔트로피 사랑〉의 음원과 뮤직비디오에도 참여했으니 흥행의 요소를 두루 갖춘 인물 아닌가!

촉은 적중했다. 하이라이트는 유만선이 기획한 전시 중 〈물건 뜯어보기 체험전〉의 에피소드를 풀어놓던 순간. 청취자들의 문자 메시지가 쉴 없이 들어왔다. '거기 갔었다', '난 이틀 연속 갔다', '전시를 다시 해달라', '성인 버전도 해주면 안 되겠냐'는 반응이었다. 사람들이 과학관에 미처 기대하지 않았던 종류의 신선함이 유만선의 스토리에 있었던 것일까? 유만선은 과학관을 관람객 중심의 살아 있는 경험을 제공하는 문화기관으로 디자인하고 싶다고 했다.

인터뷰(2023년 10월 27일)는 유만선이 서울시립과학관 관장으로 부임한 지 10개월을 막 넘긴 시점에 이루어졌다. 정식 인터뷰를 며칠 앞두고 사전 답사를 위해 서울시 노원구에 있는 과학관을 방문했다. 서울시립과학관의 야간 운영 프로그램인 〈월간야수月刊夜水〉가 열리는 밤. 미리 점찍어둔 프로그램인 천체 사진작가 권오철의 '우유니 소금 사막의 별밤' 영상전을 보고 홀을 돌아 나오는 길에 분주히 행사장 이곳저곳을 누비는 유만선을 발견했다. 워낙 웃는 상이기도 하지만 그 밤 유만선의 얼굴에서는 일하는 사람 특유의 열심과 건강한 에너지가 뿜어져 나왔다. 알은 체를 할까 말까 망설이다 그냥 모른 체하기로 하고 아마추어천문학회의 천문지도사들이 망원경을 펼쳐놓고 기다리는 옥상 정원으로 걸음을 옮겼다. 궁금한 이야기들은 며칠 후 있을 인터뷰에서 물어봐도 될 터였다.

얼마 전 〈월간야수〉에 다녀왔어요. 밤 10시까지 문을 여는 과학관이라는 콘셉트도 흥미로웠지만 어린이나 가족 단위의 관람객뿐 아니라 혼자 온 젊은이, 중년의 친구, 노년의 부부 등 다양한 관람층 또한 인상적이었습니다.

매달 마지막 수요일 야간에 개관하는 과학관이라서 〈월간야수〉예요. 사실 출발은 예산을 지원하는 서울시로부터 '관람을 활성화하라'는 요구가 떨어져 직원들이 아이디어를 낸 거였어요. 서울시의 평가 지표는 딱 하나죠. 관람객 수. 볼펜을 10만 개 사서 나누어주든 2만 원짜리 기념품을 만들어서 하나씩 돌리든 관람객 수만 늘면 그만인 건데, 우리의 궁극적인 목표는 과학관이 전시 중심의 교육기관이 아닌 문화시설로 기능하는 것이었거든요. 타깃 범위를 성인까지 넓히고 싶었어요. 프로그램은 그대로 두고 '밤 10시까지 문을 열어둘 테니 올 사람 더 와라' 하는 건 무책임하잖아요. 사람들을 끌어들일 수 있는 매력적인 주제를 월별로 담아보자고 해서 6월에는 '별과 커피가 있는 밤'이라는 주제로 두산로보틱스에서 커피머신 로봇을 들여와 시음회를 하며 로스팅 과정에서 생기는 과학 원리를 해설하는 시간도 가졌고요. 구

독자 수 120만 명에 이르는 유튜브 채널 긱블Geekble과의 전시 컬래버레이션, 천체 사진작가 권오철의 오로라 영상전 등 과학관 밖의 민간 자원들을 연결하고 협업하는 모델도 계속 찾아나가는 중입니다.

해외에는 이미 사례가 있죠. 2017년에 세계 최초의 과학관인 미국 샌프란시스코의 익스플로라토리움Exploratorium에 연수를 갔다가 '애프터 다크'라는 행사에 초대를 받았어요. 볼게 뭐 있겠나 하면서 별 기대 없이 갔는데 조명이 분홍색으로 바뀌고, 칵테일과 스시를 팔고, 과학관이 마치 클럽처럼 변한 거예요. 한편에서는 '위험한 생각들dangerous ideas'이라는 주제로 정부의 CCTV 감시, 미신과 타부, 맨해튼 프로젝트 등에 대한 세션과 토론이 이루어지고, 힙한 청년들이 과학관에 와서 전시물을 자유롭게 즐기며 돌아다니는 장면을 눈앞에서 보는데… 진짜 너무너무 짜증이 날 정도로 부럽더라고요. 젊은이들이 과학관을 찾아 즐긴다는 게 우리에겐 먼 이야기였으니까요.

〈월간야수〉에 대해 의미 있게 평가하는 건 자체의 평가 지표와 데이터에 근거했을 때 성인 관람객과 지인 소개로 찾는 관람객이 꾸준히 증가하고 있다는 점이에요. 입소문이 났다는 거니까요.

보는 과학에서 하는 과학으로

과학관이 힙해지다니 상상만 해도 신나는 일이네요. 저의 경우 과학관에 대한 인상은 전시를 위한 전시, 수동적인 경험으로 남아 있는 것 같아요.

대중을 대상으로 한 과학관의 역할은 전시를 중심으로 지식을 교육하는 데 있다 보니 다분히 공급자 중심이었어요. 과천과학관에 있을 때 '과학관 전시 프로세스 체계화 연구'의 일환으로 과학 전시물이 관객들에게 효과적으로 역할을 하고 있는지를 확인하고 개선하기 위한 모니터링을 도입했었는데요. 제가 기획한 전시 중 '한국형 핵융합 실험로KSTAR'가 있어요. 대전의 한국핵융합에너지연구원에 있는 KSTAR의 본체 절개모형, 핵융합 발전의 원리와 핵융합 에너지를 연구하고 있는 주요 국가 등에 대한 소개 영상으로 구성된 전시물이죠. 모형 근처에 영상 녹화 장치를 설치하고 관람객이 많은 시간에 맞추어 30분 동안 녹화를 진행해봤더니, 지나간 수백 명의 관람객 중에 모형을 제대로 쳐다보는 사람이 거의 없는 거예요. 영상물 앞에서는 30초 이상을 머무르지 않더라고요. 녹화 영상을 보는 내내 부끄럽고 당황스러워서 몸둘 바를 몰랐어요. 그 전시물이 2008년부터 장장 15년 동안 그 자리에 있었거든요. 일단 만들어놓으면 사람

들이 보고 이해할 거라고 생각했지만 기획자의 자기만족일 뿐이었던 거죠. 문제를 개선하기 위해서는 일차적으로 관람객의 테스트 및 피드백을 반영한 전시 프로그램의 체계화가 필요하고, 더 나아가서는 과학관이 관람 위주의 전시문화에서 벗어나 과학적 경험을 제공하는 문화 공간이 되어야 한다고 생각합니다.

전시와 교육 중심이 아닌 문화 플랫폼, 열린 네트워크로서의 과학관을 거듭 강조하셨어요. 구체적으로 어떤 모습을 상상할 수 있을까요?

실제로 과학을 하는 거죠. 지구 생태의 중요성을 전시물로 만들어놓고 그걸 와서 본들 얼마나 진심으로 느낄 수 있겠어요? 주말에 집 근처 자연에 나가서 참새나 개구리가 얼마만큼 없어졌는지 직접 조사해보는 행위 자체가 더 가치 있는 콘텐츠가 될 수 있죠. 지역의 대학이나 연구기관의 리서치 프로그램과 연계해서 실제 과학자들이 진행하는 실험에 학생과 시민들이 실험자나 피실험자로 참여하는 형식으로 구현이 가능합니다. 또 문화는 즐기고 소통하고 향유하는 거잖아요. 복지관 할아버지 할머니들을 포함해 전시 체험의 접근성이 낮은 시민들도 이해하고 즐길 수 있는 전시 연계프로그램도 고민해야 해요. 그리고 저희 구내 커피점 보셨죠? 공간도 넓고 통창이라 뷰도 좋아서 그곳을 도서관으로 꾸미는 상상도 해봤어요. 전시물은 큰돈이 들기 때문에 자주 교체하지 못해요. 한번 설치하면 최소 5년은 그 자리에 두어야 하거든요. 그런데 책은 기획에 따라 얼마든지 바꿀 수 있으니 좋은 전시 아이템이 될 수 있고, 시민들이 참여하는 과학 독서 모임으로 연결되면 좋을 거예요.

저는 상상하신 과학관의 모습을 이미 한 번 본 것 같아요. 좀 오래전 일이긴 하지만 유만선 관장님이 아이디어를 내서 기획한 〈물건 뜯어보기 체험전〉(2019년 1월)에서요. 보통 박물관이나 과학관에서 하는 체험전에 가보면 준비된 반제품 키트로 조립한 똑같은 결과물을 들고 나오는 게 일반적인데, 기존의 것을 해체한다는 반전이 되게 신선했어요.

전부 똑같은 플라스틱 키트를 앞에 놓고, 키트는 알록달록해야 하고, 활동이 끝나면 부모님이 아이를 앞에 세워 사진도 찍어야 하고. 이런 체험 프로그램이 관람객의 보편적인 소비 욕구는 충족시켜줄지 몰라도 과학의 본질은 빠져 있죠. 〈물건 뜯어보기 체험전〉은 '분해하는 것 자체가 생산이다'라는 기획 의도가 뚜렷했어요. 어린 친구들은 쉽게 뜯을 수 있는 마우스나 키보드 등을 직접 분해하고, 분해한 것을 자르고 붙여 정크아트로 표현해 전시까지 할 수 있도록 자리를 마련했고요. 세탁기나 냉장고, 오토바이 같은 큰 기계들은 작정하고 끝까지 뜯어보자 해서 '기계 최후의 날'이라는 이름을 붙였지요. 아예 분해하는 행위가 퍼포밍performing이 될 수 있도록 쇼케이스를 과학관 입구의 중앙 로비에 마련했어요. 전문가가 섞여 앉아서 같이 분해하다가 필요하면 과학 원리를 설명해주기도 했지만, 귀담아듣지 않으면 어때요. 지식으로 흡수하지 않더라도 행위 자체로도 학습 효과가 있다고 생각했습니다. 요즘에는 물건들이 워낙 패키징이 잘되어 있다 보니 내부를 보고 이해할 수 있는 경험 자체가 희귀하잖아요. 3일 연속으로 참여했던 초등학생 자매가 있었는데, 안전 장갑과 보안경을 야무지게 착용하고 오토바이 한 대를 둘이서 끝까지 달라붙어 분해하던 모습이 지금도 잊히질 않아요. 이런 종류의 기획이 가지는 위험성도 분명히 있어요. 시민들의 참여로 이루어지다 보니 박물관이나 미술관처럼 세련되게 완성된 작품을 내놓을 수가 없지요. 그럼에도 불구하고 이걸 포기하면 안 되겠다는 생각을 많이 했습니다. 사람들이 과학관에 와서 소비만 하는 것이 아니라 직접 과학이라는 과정의 일부가 되어 실험하고 해킹하고 실패도 경험할 수 있는 판을 만들어주는 것이 진짜 좋은 기획이라는 것을 실감했거든요.

과학관으로 상상력을 끝까지 밀어붙인다면 어디까지 갈 수 있을까? 자연사박물관 전시실의 열린 창문으로 우연히 살아 있는 새 한 마리가 날아들자 공룡들이 살던 시대로 초현실적 장면의 전환이 펼쳐지는 에릭 로만의 《이상한 자연사 박물관》. 밤이 되면 박물관의 전시물들이 살아나 액션 활극을 펼치는 영화 〈박물관이 살아있다!〉. 이와 같은 종류의 이야기에 유만선은 단호히 고개를 젓는다. 뼛속까지 엔지니어이기 때문이다. 엔지니어링은 문제도 실질적이어야 하고 해결 방안도 실질적이어야 한다고 그는 말했다.

유만선이 유년시절 살던 단독주택의 옥탑방에는 작업대와 각종 공구를 갖춘 아버지의 작업실이 있었다. 아버지가 집수리를 하고 망가진 물건을 고칠 때, 옆에서 구부러진 철사를 펴고 망치를 건네고 청소를 하는 것이 어린 유만선의 임무였다. 누나 셋은 엄마랑 영화 보러 가는데 여기 혼자 붙잡혀 있어야 한다니, 속으로 한탄하며 울던 소년은 조기 교육의 세례 덕분인지 공학자가 되기로 진로를 정했다. 기계공학의 꽃인 4대 역학을 배울 때는 '교수님 침 받아먹으면서 공부한다'는 말의 뜻을 실감할 정도로 열중했다. 의자 다리가 왜 네 개인지, 자동차 엔진에서 바퀴까지의 연결 구조는 왜 그렇게 될 수밖에 없는지, 공기처럼 의식하지 않고 살아왔던 주변 물체들의 공학적 원리를 알아가는 것이 말할 수 없을 정도로 재밌고 행복했다.

'고온의 가스로부터 로켓 부품, 초음속 비행체를 보호하는 열차폐체 설계에 필요한 열전달 현상'은 유만선의 박사 학위 연구 주제였다. 실험에 필요한 초음속 풍동을 직접 설계해서 문래동 가공집을 쫓아다니며 제작할 정도로 열의가 넘쳤다. 일본우주항공연구개발기구 방문 연구원을 지냈고, 국가 방위에 중요한 로켓 개발에도 참여했다. 로켓을 만드는 공학자가 꿈이었고 진로 또한 순탄했다. 그런데 2009년, 한국 최초의 우주발사체인 나로호가 발사를 앞두고 있을 때 국립과천과학관의 3년차 연구관이던 유만선은 어린이들과 함께 모형 로켓을 제작해 나로호와 동시에 쏘아 올리는 이벤트를 진행하고 있었다. 로켓을 연구하던 공학자는 왜 과학관으로 간 것일까? 공학자의 꿈은 접은 것일까?

로켓을 연구하던 기계공학자가 어떻게 과학관으로 오게 되었나요?

2006년이었어요. 박사 후 과정을 준비하던 어느 날 인터넷에 채용 공고가 떴어요. 우리나라에 20년 만에 국립과학관을 크게 새로 짓고 있는데 거기서 첨단기술 분야의 전시품을 제작하고 설치할 전문가를 뽑는다는 거예요. 첨단기술? 개발 설치? 내가 딱이지 싶더라고요. 공학을 전공하면서 제 분야만 깊이 파고 있었는데 첨단기술 전반을 다룰 수 있는 기회라는 것도 혹했던 이유 중 하나예요. 그런데 교수님은 말리셨죠. "너 공무원이 무슨 일 하는지 알아? 네가 생각하는 그런 거 아니야" 하시는데 저는 진짜 몰랐거든요. "아이,

왜 그러세요. 다 지어놓고 다시 올게요" 하고 나왔다가 입사 이틀 만에 후회했잖아요. 입사 바로 다음 날이 상량식이 었는데, 검은 양복을 입고 오라고 해서 갔더니 초대받은 높은 분들한테 허리가 닳도록 인사하는 게 제 일이었던 거예요. 게다가 보급받은 PC를 봤더니 설계를 할 수 있는 프로그램은 하나도 없고 순 워드프로세서 정도만 굴러가는 사양이더라고요. 그러니까 제 일은 전시물 제작할 외주 회사를 선정하고 업체를 관리 감독하는 거였죠. 야, 공무원이 이런 거였구나. '메이크 더 이그지비트make the exhibit가 아닌 메이크 어 컨트랙트make a contract'만, 전시 만들 줄 알고 왔더니 계약서만 죽어라 만들겠다 싶어 딴 자리를 알아볼까도 했는데 16년 동안 과학관에 몸담으면서 '과학관 러버lover'가 되었습니다.

왜 떠나지 않고 남으셨는데요?

과학관에 있으면서 과학계에 큰 업적이 있는 선생님들이나 첨단기술 제품을 우선적으로 접할 기회가 은근히 많았어요. 특히 과학관을 짓던 첫 1년 동안은 전시관 기획에 대한 자문을 구하기 위해 휴머노이드 로봇인 휴보를 만든 KAIST의 오준호 교수님도 만나 뵙고 6000m급 심해잠수정을 만든 이판묵 박사님 팀도 찾아가고 했거든요. 서른두 살짜리가 쫄래

쫄래 갔는데 귀한 자료들을 보여주면서 설명도 직접 해주시는 거예요. 아직 공개 안 한 로봇에 태워주기도 하고요. 무엇보다 한 분야에서 몇십 년을 갈고닦은 분들의 이야기를 짧은 시간에 압축적으로 듣는다는 게 매우 충만한 경험이었어요. 일개 연구원이었거나 학교에 남았다면 못했을 경험인데, 과학관 사람으로서의 행복이 이런 거라는 걸 실감했지요. 그때부터 문화기관에 있으면서 공학을 전공한 사람이 할 수 있는 일이 무엇일까 엄청나게 고민하면서 찾아나갔던 것 같아요.

과학관이 가진 콘텐츠의 힘을 보셨군요.

미술관에 가면 미술품이 있고, 도서관에는 책이 있는데 과학관이 다루는 소재는 뭘까요? 단순히 과학 전시물은 아니라고 봐요. 시민들이 전시물을 보고 그냥 감탄사만 뱉고 떠나는 게 아니라, 과학관에 와서 무언가를 자연스럽게 즐기고 자발적으로 참여하는 동안 크든 작든 자기 몫의 과학 소양을 취득해서 떠날 수 있다면 과학관의 발전 가능성은 무궁무진하다고 봅니다. 과학은 자연현상에 대한 이야기잖아요. 우리가 사는 세상의 기술과 문명에 대한 이야기이고요. 다룰 수 있는 주제와 소재의 범주가 미술관이나 박물관에 비해 훨씬 더 넓고 열려 있지요.

애초에 인류의 활동에서 과학이나 철학, 종교나 예술 같은 것들이 구분되어 있던 것도 아니었고요.

낮에 짐승 때려잡고 와서 밤에는 동굴에 둘러앉아 그림 그리고 돌도끼 다듬고 했으니까요. 게다가 인류뿐만이 아니죠. 과학은 우주의 시작부터 다루잖아요.

답을 찾아 끝까지 간다

《공학자의 세상 보는 눈》이라는 책을 내실 만큼 공학에 대한 애정도 큰 것으로 알고 있어요. 우리 사회에서는 과학과 공학을 구분 없이 과학기술로 묶어서 취급하는 경향이 있는데, 과학과 공학의 차이를 한 번 짚고 갔으면 해요.

유명한 애니메이션 〈뽀롱뽀롱 뽀로로〉에 에디라는 여우 캐릭터가 나와요. 이 친구가 로켓도 만들고 로봇도 만들어서 타고 다니는데, 정작 자기를 소개할 때는 꼬마 과학자라고 노래하거든요. 에디는 발명가예요. 순수하게 공학을 하는 친구인데 과학자라니, 이게 무슨 말이냐며 동료들과 흥분해서 떠들었던 기억이 있습니다.

과학이 자연 현상을 분석해서 이해하려고 노력하는 학문이라면, 공학의 역할은 우리가 사는 진짜 세상의 문제를 해결하는 데 있어요. 돌도끼부터 볼펜, 선풍기, ctrl+c나 ctrl+v

같은 컴퓨터의 단축키, 드론이나 인공지능 같은 첨단기술까지 인간 생활의 불편함을 해결하고 필요한 무언가를 실제로 만들어내는 것은 공학이지요. 재밌는 건 이미 정립된 과학 이론처럼 명확한 게 아니다 보니 끊임없이 현실과 타협하며 해결점을 찾아야 한다는 거예요. 현실에는 물리학이나 수학 이론에서 가정하는 완벽하게 뻗은 직선 같은 건 존재하지 않아요. 아무리 훌륭한 아이디어가 있어도 우리가 살아가는 물리 세계에서는 오차가 발생하고, 사람들의 심리가 반영되고, 착오가 있기 마련이죠. 공학자는 그 과정에서 일일이 문제를 조정하고 추가적인 아이디어를 내고 장인 정신을 발휘해야 해요. 게다가 늘 예산은 부족하고 기한 또한 정해져 있죠. 그렇지만 주어진 상황과 조건에서 최적의 답을 찾아 끝까지 해내야 하는 게 공학자의 일이에요.

심우주의 비밀이나 생명의 기원처럼 인간의 지적 영역을 넓히는 데 기여하는 것이 과학이라면 실재하는 것을 구현하기 위해 도구를 들고, 쇠를 깎고, 땀을 흘리는 것은 공학이라는 말씀이군요.

맞아요. 공학자는 그런 존재 같아요. 사람들이 먹고사는 세상에 필요한 일을 하는 사람. 그런데 그게 재밌으니까요.

우리가 과학자로 알고 있던 만화영화 속의 김 박사, 이 박사들도 실은 공학자였다는 걸 알겠어요. 그런데 대부분의 이야기 속 공학자들은 가공할 기술로 세상을 지배하려 들거나 세상을 구할 기술을 지키기 위해 순교하는 전형적인 이미지였던 것 같아요. 유만선 관장님이 생각하는 공학의 정수, 공학의 태도는 어떤 것일까요?

공학자들은 일단 하고 보는 게 있어요. 라이트 형제는 아무런 과학적 이론 없이 물체를 공중에 띄웠어요. 항공역학이 나온 건 이후의 일이죠. 자전거 가게를 하는 형제들이다 보니까 공기가 어떻게 흐르는지 이론적으로 이해하지는 못했지만, 그냥 날린 거예요. 일단은 감으로 날렸고, 매번 실제로 날리려면 돈이 많이 드니까 풍동이라는 장치를 설계해서 220개 정도의 날개 모형을 만들어 계속 실험했다고 하죠. 어떤 형태로 만들어야 자기 무게를 이기고 날 수 있는지는 직접 해보면서 깨달았겠죠. 그런데 결국은 날리는 데 성공했잖아요.

이미 알고 있는 방식으로부터 다음 단계로 나아가는 연역적 방식에 지나치게 매몰되면 새로운 발명이나 혁신이 나오기 힘들어요. 과학적 사고에 기반하든 혹은 과학이 아직 규명하지 못한 것이라 할지라도 일단 필요하면 내 손으로 직접 해결해보는 것이 기술적 소양이라고 생각합니다. 손으로 무언가를 만지작거리며 만들어내는 것은 인간이 손에 돌도끼를 쥐었던 시절부터의 욕구잖아요. 간절히 원하거나 그저 재미있어 보이는 무언가를 찾아서 일단 해보면서 필요한 배울 거리를 찾아가는 문화가 확산되었으면 해요.

과학관을 둘러보다 보니 전시관 내에 메이커 스튜디오가 있더라고요. 과연 유만선 관장님이 계시는 곳답다고 생각했어요.

사실 서울시립과학관과 저는 부임하기 전부터 인연이 깊어요. 과학관의 초기 설계 단계부터 자문을 맡고 조언하며 성장을 함께 지켜봤어요. 그중에서도 메이커 스튜디오(아이디어를 실현하기 위한 재료와 도구 장비가 설치되어 있는 작업장이자 작업자들의 커뮤니티 공간)는 특히 애정을 느끼는 공간인데, 자문할 당시에는 제가 이 공간을 사용하게 될 줄 미처 몰랐죠. 과천과학관에 있는 메이커 스페이스 '무한상상실'의 쌍둥이 버전이에요. 3D 프린터, 레이저 컷, 각종 설계 프로그램의 시설과 장비가 있어서 전시물의 유지·보수나 개선을 자체적으로 하고 있고요. 시민들에게 공간을 개방해 창작활동도 지원할 생각이에요. 과학관을 왔다 간 사람들이 손으로 직접 무언가를 창작해보는 즐거움을 경험하고 가셨으면 좋겠거든요. 그리고 특별히 자랑할 것이 한 가지 더 있는데, 저희 과학관의 시설을 관리해주시는 선생님이 메이커 스튜디오 옆방에 상주하고 계세요. 이분 정말 최고예요. '찐' 메이커세요. 전시물을 직접 다 수리하시는데 단순한 유지·보수가 아니라 시스템을 재설계해서 새롭게 개선하신다니까요. 저와는 커피도 마시고 아이디어도 나누는 사이입니다.

어머, 감동이에요. 과학관에서 일하는 사람들의 이야기를 에세이로 읽으면 너무 재밌을 것 같아요. 한 권 써주세요.
바쁜 것만 좀 덜해지면 해보려고 아이디어로 가지고 있긴 해요.

일을 계속 계획하고 만들어나가는 것도 관장님의 공학자 DNA 때문이겠죠?
안 그래도 얼마 전 일기장에 이런 고민을 적었어요. '가만있어도 되는 일을 문제로 만들어 해결을 독려하고 있는 것은 아닌가. 엔지니어로서의 버릇이 나오는 것을 좀 자제해야 하나.' 아무래도 기관장이 되다 보니 제가 일을 만드는 순간 실무자들의 업무가 늘어나게 되니까 생각이 많아지더라고요. 그렇지만 공학의 역할은 인간 사회에 도움이 되는 일을 하는 데 있잖아요. 과학은 이해하면 끝이지만, 공학으로 넘어오면 반드시 적용하고 성과를 봐야 하거든요. 저는 그렇

과천과학관에서 무한상상실을 운영하던 시절,
시민들이 버리고 간 자투리 재료를 활용해
필통과 문구류를 만들었다.

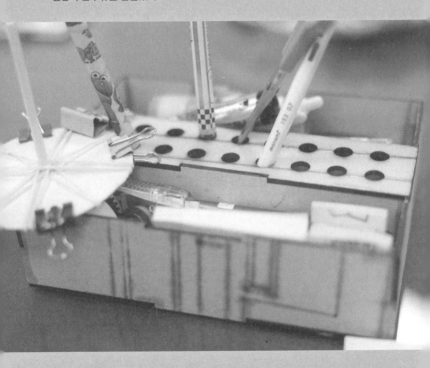

게 배웠고, 과학관이라는 기관 역시 효용 가치를 높일 수 있는 조직으로 만들어야 한다고 생각해요.

이제는 정말 개별 콘텐츠가 아닌 과학관 자체를 엔지니어링해야 하는 자리에 계시네요. 앞으로 중요하게 생각하는 과제는 무엇인가요?

키워드는 '연결'입니다. 사실 과학관의 현실은 인력도 예산도 자원도 부족해요. 그렇다고 우리끼리 맨날 하던 것만 하고 있어서는 안 되잖아요. 풍부하지 않은 자원의 문제를 해결하는 길은 '연결'에 있어요. 지역의 커뮤니티와 대학, 크리에이터, 예술인 등 능력 있는 민간과의 협업을 통해 고객들에게 차별화된 경험을 제공할 수 있다고 생각합니다. 〈월간야수〉도 좋은 사례가 될 수 있겠고요. 조만간 〈과학동아〉와 서울시립과학관의 협력 전시도 있을 예정이에요. 과학관을 하나의 커다란 기계로 본다면 과학관 스태프만으로는 굴릴 수가 없어요. 전문가 집단, 민간과 시민들이 작은 조각으로 참여해 과학관이라는 거대한 장치를 함께 굴려나가는 상상을 해봅니다.

인생을 말 그대로 과학관과 함께하고 계세요. 퇴임 후 노년이 되었을 때 '과학관과 나'의 모습을 생각하면 어떤 그림

이 떠오르나요?

아무래도 공학자이니까 강연보다는 워크숍을 하고 있지 않을까요. 봉지에 폐박스와 이쑤시개 같은 간단한 준비물을 챙겨서 지역의 과학관이나 도서관으로 아이들을 찾아가고 싶어요. 팽이도 만들고, 오토마타도 만들고요. 현장에서 직접 해보면 재료를 딱 펼쳐놓자마자 자르고, 붙이고, 엉뚱하게 머리에 쓰기도 하고, 난리가 나요. 강의라는 걸 할 필요가 없어요. 같이 만들면서 "이거 작동하는 거 봐라, 끝내주지!" 하고 조금만 펌프질을 해주면 아이들은 다 알아서 해요. 두 시간이 '순삭'이죠. 나이 들어서 그렇게 다니고 싶은데, 아이들도 좋아해주겠죠?

과학자가 먼 하늘의 별빛을 바라볼 때 공학자는 세상에 발을 딛고 맨 땅을 구르며 현실의 문제를 해결하기 위해 분투하는 사람이라고 유만선은 말했다. 무대 뒤에서 행해지는 실질적인 일을 좋아한다는 동류의식 때문일까. 유만선이 그려 보이는 과학관에 대한 상상을 듣고 있으면 함께 흥이 차올랐다.

인터뷰 후 1년, 유만선의 상상은 서울 중심에서 열린 메이커들의 축제로, 구로에 위치한 산업박물관과의 협력 전시로, 그리고 과학출판사, 천체 사진가, 도시 스케치 동호회 등과의 연결로 실현되고 있었다. 이걸 진짜로 다 해내는구나. '살면서 한 번쯤 가볼 만한 곳'이라는 과학관에 대한 선입견은 삭제하고 당장 SNS 알람 설정부터 해놓을 일이다.

어느 초겨울 수요일 밤 스쳐 지나갔던 유만선의 얼굴이 떠오른다. 일하는 사람의 열심과 에너지! 컴퓨터 화면에 뜬 구인 광고를 우연히 보고 연구실을 떠났을 때, 나로호가 아닌 모형 로켓을 어린이들과 만들고 있을 때, 그것은 하나의 길에 대한 포기가 아니었음을 알겠다. 유만선의 인생에서 엔지니어링의 꿈과 과학관은 자연스럽게 하나의 지향으로 연결되며, 그 연결 지점에는 아이와 어른, 과학과 일상, 과학과 문화를 하나로 경험할 수 있는 불 켜진 과학관이 있다.

유쾌한 크리에이티브

톰 켈리·데이비드 켈리 | 박종성 옮김 | 청림출판 | 2014

애플 마우스와 세계 최초 노트북 컴퓨터를 디자인한 세계적인 디자인 기업 IDEO를 이끄는 톰 켈리와 데이비드 켈리 형제가 쓴 책이다. 이들이 강조하는 '디자인적 사고' 란 미적 대상에 주목하거나 물질적인 제품을 개발하는 것을 넘어, 사람들의 요구를 파악하고 새로운 해법을 제시하는 문제 해결법을 일컫는다. 과천과학관에서 전시물 개선 사업을 진행할 때 공감-이해-실행이라는 '디자인적 사고'를 도입했다. 관람객의 관람 행위를 관찰해 핵심 문제를 뽑고 해결을 위한 솔루션을 실행전략으로 삼았다. 과학관은 디자인 회사와 마찬가지로 창조적 사고가 필요한 집단이라고 믿었기 때문에 실행한 일이었다. 구글이나 페이스북 같은 실리콘밸리 IT 기업들의 사례처럼 조직 차원에서 창조적 자신감을 키우는 방법에 대한 구체적인 아이디어를 풍부하게 제시하고 있어서 좋았다.

메이커스
크리스 앤더슨 | 윤태경 옮김 | 알에이치코리아 | 2013

벌써 13년도 더 된 일이다. 당시 과천과학관에 새로 부임하신 오태석 관장님이 이제 막 과학관에 적응한 30대 초반의 나를 불러 책 한 권을 주셨다. IT 업계의 선구자 크리스 앤더슨이 디지털과 제조업의 공존이 가져올 10년 후의 미래를 그린 책《메이커스》. 일주일 동안 책을 탐독한 후 찾아간 나를 기다리고 있던 것은 '무한상상실'이라는 공공 메이커 스페이스의 구축 및 운영 사업이었다. 2013년에 문을 연 무한상상실은 3D 프린터 및 각종 디지털 제조 장비를 갖추고 시민들의 다양한 창작 활동을 지원했다. 공무원이 업무를 지시받을 때 책으로 받는 일은 흔치 않기에 감동과 함께 강한 동기부여가 되어 '무한상상실'과 함께한 30대를 뜨거운 열정으로 보냈던 기억이 있다.

과학을
사랑하는 기술

과학기술학자
임소연

과학기술학 연구자. 서울대 자연과학부를 졸업하고, 미국 텍사스공과대학교에서 박물관학 석사 학위를, 서울대 과학사 및 과학철학 협동과정에서 과학기술학 전공으로 박사 학위를 받았다. 테크놀로지와 몸, 과학기술과 젠더, 신유물론 페미니즘, 현장연구 방법론 등을 주로 연구한다. 현재 동아대학교 융합대학에 재직 중이며, 팟캐스트 〈이과 여자〉를 공동 운영하고 있다.

인터뷰는 마치 짧은 연애와 같다고 생각하곤 했다. 만남, 열중, 이별 중 이별의 과정을 통과할 때가 특히 그랬다. 불가역하게 찾아든 이별을 이해하기 위해 이야기의 시작과 끝, 사랑과 어긋남의 징후를 낱낱이 뒤져 반추하는 사람의 입장이 되어 짧지 않은 분량의 녹취록을 읽고 또 읽어 내려가다 보면, 목소리에 흐르던 신념, 표정과 제스처의 의미까지 환하게 이해되는 순간이 찾아왔다. 한 사람이 일생을 다해 추구한 앎에는 그가 삶을 바라보며 살아가는 태도와 방식이 오롯이 들어 있을 수밖에 없기에, 과학자의 말 속에 드문드문 흩어진 단서들이 그의 앎과 삶이 교차하는 지점을 드러내는 순간에 이르면 비로소 원고의 첫 줄을 시작할 수 있었다. 무엇보다, 좋은 연애가 그렇듯 한 편의 인터뷰를 마치고 나면 나와 세상의 관계는 이전보다 확장되어 있었다. 더 이상 서재는 책장과 책이 있는 물리적 공간만을 의미하지 않았으며, 뼈, 돌, 아침의 산책길, 오후의 커피 한 잔이 세상을 읽는 텍스트가 될 수 있음을 배웠다.

　　과학자의 서재로 찾아가는 마지막 여정에는 임소연이 있다. 임소연의 서재에서 읽어야 할 텍스트는 과학기술 그리고 페미니즘이 될 것이었다. 임소연의 연구 분야인 과학기술학은 과학기술을 인문학이나 사회학의 관점으로 조망하는 학문으로, '여성과 과학 탐구'라는 부제를 달고 나온

《신비롭지 않은 여자들》은 출간과 함께 독자들과 출판계의 뜨거운 호응을 받았다. 그런데 동아대학교에 있는 임소연의 서재를 방문하기 위해 몸을 실은 부산행 KTX 안에서도 나는 이 관계에 대한 확신이 없었다. 섭외를 위해 주고받은 몇 번의 이메일과 전화 통화 외에 우리 사이를 이어주는 에피소드가 없다는 점은 블라인드 데이트와 같은 초조함을 유발했다. 한 분야의 전문가로, 여성으로, 나보다 더 투철하고 치열하게 살아온 누군가를 마주한다는 데 대한 위축과 긴장 또한 존재했다.

임소연은 주중과 주말을 나눠 강의가 있는 부산의 학교와 딸과 남편이 있는 경기도의 집을 오가는 생활 중이었고, 어쩌다 보니 우리의 첫 대화는 각자의 아이들에 대한 신상에서부터 친정엄마의 이야기로 이어졌다. 이과 여자와 문과 여자, 치열한 여자와 그보다 덜 치열한 여자인 우리에게는 하나의 공통점이 있었다. 일하는 엄마의 딸들이라는 것, 그리고 세상을 먼저 산 선배 여성으로서 그녀들이 몸소 보여준 '누구의 딸이자 엄마이기 이전에 너 자신으로 살라'는 삶의 지령을 내면화하고 있다는 점이었다. 일단 이것으로 첫 번째 연결은 이루어졌다.

이곳에 오기 전에 임소연 박사님이 운영하는 팟캐스트 〈이과 여자〉를 듣고 왔어요. '이과 여자'라는 소재가 참신했다는 것은 그만큼 여성의 관점으로 과학을 이야기하는 시도와 기회가 많지 않았다는 방증일 수도 있을 것 같고요. 개인적으로는 단도직입적인 작명만큼이나 간결하지만 강인한 선의 '이과 여자'의 얼굴 로고 또한 인상적이었습니다.

〈이과 여자〉는 후배이자 동료인 뇌과학자 '진리하라'의 제안으로 시작하게 되었어요. '문과 남자'도 과학책을 쓰는데 '이과 여자' 둘이 과학 이야기 못할 게 뭐가 있겠냐는 말에 기꺼이 의기투합하게 되었지요. 지금 사용하고 있는 로고는 진리하라님이 만든 거예요. 어느 날 생성형 인공지능이 만들어준 것이라며 핑크베이지색의 짧은 단발머리 여자의 이미지를 보내왔더라고요. 그 이미지를 받자마자 저도 당장 해봐야겠다 싶었어요. AI가 과연 사회적인 여성성을 가지지 않은 이과 여자를 만들어낼 수 있을지 궁금했거든요. 처음 이과 여자의 이미지를 요청했을 때는 짙고 긴 속눈썹의 여성 이미지가 만들어졌어요. '이과 사람', '머리가 짧은 이과 여자와 이과 남자', '바지를 입은 이과 여자' 등 명령을 바꾸어봐도 동글동글한 웨이브, 긴 머리 등 여성성에 대한 고정관념을 벗어나지 못하더라고요. 그렇다면 끝까지 한번 해보자 싶어서 결국에는 제가 원하는 똑떨어지는 짧은 머리의 강인한 이과 여자의 모습까지 가긴 갔는데, 이 여성을 남성과 함께 그려달라고 요구하는 순간 다시 여성스러워지는 거예요. 현실과 정말 비슷하구나, 방대한 양의 데이터로 학습한 똑똑한 인공지능조차 성별 고정관념을 갖고 있다는 사실을 확인한 거죠.

10년 전쯤 해외에서 차를 빌려 탄 일이 있는데, 내비게이션에서 남성의 목소리가 나와서 깜짝 놀란 기억이 있어요. 제 차에는 여성의 목소리가 기본값으로 설정되어 있었고, 그걸 당연하게 받아들이고 있었던 거죠. 기술을 일방적으로 사용하던 입장에서 기술과 내가 서로 영향을 받는 관계에 있다는 것을 의식한 경험이었습니다. 박사님이 연구하는 '과학기술학'은 이처럼 과학기술과 사회, 과학기술과 인간의 관계를 연구하는 학문이라고 이해하면 될까요?

제가 좋아하는 설명은 과학기술학은 과학기술을 교과서와 논문에서 꺼내는 일이라는 것입니다. '살아 있는 과학기술을 연구한다'고 말할 수도 있죠.

예를 하나 들어볼게요. 서비스나 돌봄의 역할을 하는 소셜 로봇, 챗봇, 내비게이션 등이 여성의 목소리와 외형을 가지는 건 공학적으로 봤을 때는 오히려 좋은 선택이에요. 사용자들에게 친숙한 고정관념을 활용하면 뭘 더 가르치거나 새로 디자인할 필요가 없으니 안전하고 효율적인 선택인 셈이죠. 고정관념에 가득 찬 남성 개발자가 예쁜 비서 로봇을 만들어보자고 해서 나온 결과물이 아니라는 겁니다. 그런데 문제는 기술이 실험실 안에서만 존재하지 않는다는 데 있어요. 상품화되어서 실험실 밖으로 나갈 거고, 집 안에도 들어올 거고, 사회 곳곳으로 퍼져서 사람들과 상호작용할 텐데 그렇게 되면 사회적 존재가 되는 거잖아요. 살아 있는 과학기술이라고 표현한 건 그런 의미예요. 과학기술학은 기술적 존재가 사회적 존재가 됐을 때 어떤 문제가 있을까, 사회를 어떤 식으로 변화시킬까를 따라가 보는 학문이에요. 여성의 표식을 단 기계나 AI가 왜 문제냐, 이들이 사회적 존재가 됐을 때 돌봄이나 양육은 여성의 전담이라는 기존의 편견까지 따라오기 때문이죠. 애초에 만들 때 잘 만들면 가장 좋은데 말이에요. 그래서 저희 같은 과학기술학자들은 과학기술이 생산되거나 유통, 소비되는 현장으로 직접 들어가서 과학기술이 어떻게 만들어지고 작동하는가를 관찰하고, 기록하고, 연구합니다.

임소연 박사님의 저서 《신비롭지 않은 여자들》은 과학기술과 사회의 관계, 그중에서도 특히 '여성의 눈과 몸으로 보는 과학기술'을 이야기하고 있습니다. 여성의 관점에서 과학을 보는 것이 왜 필요한가요?

학교 다닐 때 과학 시간에 성염색체의 자리가 XX는 여성, XY이면 남성이라고 배웠어요. 그러나 X 염색체가 여성 성별을, Y 염색체가 남성 성별을 결정짓는다는 것은 과학적으로 엄밀한 설명이 아닙니다. 남녀 성별을 결정하는 과정에는 여러 가지 염색체와 유전자, 호르몬 등이 관여하거든요. 지금도 많은 사람들에게 익숙한 '경쟁적인 정자와 조신한 난자' 이야기 역시 1970년대부터 과학자의 실험실에서 퇴출되기 시작했어요. 난자는 화학 신호를 보내 스스로 선택한 정자를 끌어들이지요. 그렇지만 사회에서는 여전히 Y 염색체와 남성성이 강하게 결합되어 있고, 정자와 난자에 전통적인 남성과 여성의 이미지를 부여하고 있습니다. 어떻게 이미 퇴출된 과학이론이 사회적으로는 끊임없이 재활용되며 성별 고정관념을 강화하는 현상이 벌어질 수 있을까요? 과학은 객관적이고 보편적이며 모든 지식의 꼭대기에 있다는 믿음이 작동하기 때문이에요. 그렇지만 XY 염색체 사례에서 보듯이 과학이 객관적이고 가치중립적이라는 믿음은 허구입니다. 역사적으로 과학은 유럽 백인 남성의 발명품입

니다. 연구자도, 소비자도, 연구의 대상도 모두 남성이었고, 상대적으로 또 다른 집단인 여성이나 소수자는 배제해왔어요. 과학의 남성 중심성은 실제로 여성의 건강에 위해를 가할 수도 있습니다. 일례로 1997년부터 2000년 사이에 미국 FDA에서 승인 판매한 의약품 10종에서 치명적인 부작용이 발견되었는데, 그중 8종은 남성보다 여성에게 더 큰 부작용이 있는 것으로 판명되었어요. 약품이 개발되는 과정에서 주로 수컷 동물과 남성 피험자 등을 대상으로 임상시험을 진행했기 때문이죠. 대부분이 남성으로 구성된 과학자 사회가 내세우는 보편주의를 보편이라 부를 수 있을까요? 여성의 관점에서 과학을 바라보는 것이 필요한 이유는 기존의 과학기술의 편향된 부분을 바로잡기 위해서예요. 과학이 그동안 배척해왔던 비서구, 유색 인종, 장애인, 여성까지 포용할 때, 비로소 살아 있는 보편성을 획득할 수 있다고 생각합니다.

페미니즘은 과학을 바꾸는가

학부에서는 생물학을 전공하고 전시기획 회사에서 일을 시작하셨죠. 이후 미국에서 '박물관학'을 공부하고 모교인 서울대학교로 돌아와 성형수술 연구로 과학기술학 박사

학위를 받으셨습니다. 이공계 여학생으로서 몸소 겪은 과학계의 유리천장은 어땠나요? 그 과정에서 페미니즘과의 만남이 필연이었는지도 궁금해요.

초등학교, 중학교 시절 수학과 과학을 잘하는 아이였어요. 자연스럽게 과학자를 꿈꾸며 과학고등학교에 진학했는데 막상 가보니 나보다 수학과 과학을 잘하는 친구들이 너무 많더라고요. 엄청난 천재처럼 보이는 동급생들은 대부분 남학생이었고, 그 애들보다 뛰어나지 않으면 과학을 할 수 없다는 생각에 꿈도 의욕도 잃었죠. 자연과학부로 대학을 진학한 것도 과학고를 졸업한 여학생이 그나마 자존심을 지키며 갈 수 있는 곳이기 때문이다 보니 마지못해 버틸 뿐이었고, 그러던 와중에 페미니즘을 만난 거예요. 여성주의적 관점에서 과학을 비판하는 글들을 읽으며 해방감을 느꼈죠. '이렇게 성차별적이고 나쁜 지식이라니, 하나도 객관적이지 않잖아, 잘됐다' 하며 뒤도 안 돌아보고 과학을 내팽개쳤어요. 과학자가 되지 못한 게 내 능력 부족이 아니라, 능력을 갖춘 소수의 여성만이 살아남을 수 있다는 과학계의 구조적·문화적인 차별과 압력 때문이라는 사실 또한 위로가 됐고요.

그렇지만 아주 멀리 가지는 못했네요. 과학기술학을 통해 과학 가까이 돌아왔지만 내가 비판하던 제도에 굴복하는 건 아닌가 하는 염려가 있었어요. 그런데 지금은 오염을 두려워하지 말자고, 타협해도 괜찮다고 말해요. 현실은 이미 오염되어 있고 엉망진창인데 밖에 서서 팔짱 끼고 이래라저래라 하고 있을 수만은 없잖아요. 내 손에 흙이 묻고 피에 젖더라도 그 안으로 뛰어들어야죠. 문제를 해결하고 싶으면 우리가 바꾸고 싶은 과학기술 안으로 더 들어가야 합니다. 여성을 배제해왔지만 그럼에도 불구하고 과학이 이만큼 발전하기까지는 역사가 소홀히 다룬 여성 과학자들의 존재가 컸다는 것 또한 알아주셨으면 해요.

사실 이곳에 오기 전에 좀 긴장했어요. 제가 좀 치열하지 못해서요. 라디오에서 〈과학자의 서재〉를 방송할 때 6회차가 될 때까지 남성 과학자만을 초대하고 있었다는 사실을 뒤늦게 자각했어요. 나 자신이 여성이고 아이들을 성적 편견 없이 키우기 위해 노력하고 있다고 생각했는데도, '과학자=남성'이라는 선입견이 있었나 하고 당황스러웠죠. 이번 인터뷰집에서도 기계적인 성비조차 맞추지 못했다는 반성이 있었고, 솔직히 말하자면 임소연 박사님께 여성과 과학에 대한 일당백의 이야기를 듣는 것으로 만회하고 싶다는 꿍꿍이도 있었던 것 같아요. 그런데 생각했던 '파이터'의 이미지보다는 상당히 포용적이라는 인상을 받고 있

습니다.

포용적이라고 느끼셨다니 다행인데요? 잘 싸우기 위해서는 포용을 잘해야 한다고 생각하거든요. 우린 다 다른 몸을 가지고 있고 처한 상황도 다른데, 나 하나 내 맘대로 하지 못하면서 다른 인간이나 한 분야의 지식을 이데올로기만으로 바꾼다는 건 말이 안 되잖아요. 오히려 중요한 건 연대와 사랑이라고 봅니다. 사실 제가 이렇게 변화하게 된 데에는 출산과 양육 경험이 큰 영향을 미쳤어요. 그전까지는 난 좀 '다른 여자'라고 생각했거든요. 일터에서 아이 걱정을 하는 엄마들을 한심하게 바라보며 '너희들은 나와 같이 갈 수 없어'라고 고개를 젓는 인간이었죠. 출산 자체는 되게 신났어요. 내 몸의 물성을 느낄 수 있는 생동감 넘치는 경험이었거든요. 그런데 양육과 돌봄은 차원이 다른 문제더라고요. 먹이고, 입히고, 놀아주고, 씻기고, 재우고. 성공적인 커리어를 위해 쓰기에도 부족한 시간과 노력을 이런 허접한 일에 써야 한다니, 꼼짝없이 매이는 경험이었고, 세상일이 내 맘대로 안 된다는 걸 알게 되었어요. 그렇게 정신을 차리고 보니 비로소 다른 여성들의 삶이 보이더라고요. 묶여 있는 게 내게는 너무 큰 장애물인데 나 혼자 묶인 게 아니었네? 우리 엄마도 묶였고, 할머니도 묶였고, 내 주변 여자들 다 묶여 있네? 아, 우리가 같은 여성이구나, 다 같이 가야만 하는구나 싶은, 여

성으로 산다는 것에 대한 새로운 의식과 연대감이 확 올라
오더라고요.

**"과학기술이 좋은가 나쁜가를 증명해내는 것보다는 그것
을 지금보다 더 좋은 과학기술로 개선하는 것에 관심이 있
다"라는 말씀도 하셨어요. 이론보다는 액션을 강조한 말로
이해했는데, '연대'가 성차별적인 과학을 바꾸는 구체적인
실천의 방법이 될 수 있나요?**

책상에 앉아 책을 읽고 글을 쓰는 연구자가 어떻게 세상을
바꿀 수 있겠어요. 실험을 할 수 있는 것도 아니고 직접 새로
운 로봇을 만들 수도 없는데요. AI를 성차별적으로 만들면
안 된다고 옆에서 말만 한다고 될까요? AI나 알고리즘을 만
드는 사람들이 의식을 가지고 해나가야 하는 부분이죠. 답
은 지식이 만들어지고 기술이 탄생하는 현장에 있어요. 그
렇기 때문에 더더욱 저에게는 여성들과의 연대가 중요한 실
천이 됩니다. 기술 업계에 종사하는 젊은 여성들을 인터뷰
한 적이 있는데요. 성희롱과 개인정보 유출로 논란이 일었
던 '이루다 사태' 등을 겪으며 챗봇의 대화에 포함된 여성 및
소수자 혐오 발언 등의 문제를 잘 알고 있었고, 자신들이 만
드는 데이터와 알고리즘이 이런 문제를 일으키지 않기를 바
라며 현장에서 애쓰고 있었죠. 그런데 이들이 업계를 대표

여성-몸

(의학, 생물학)

인류의 기원

하는 사람들이 아니거든요. 소수의 사람들이 서로 다른 회사에 흩어져 있던 거예요. 인터뷰를 통해 각자의 존재를 드러내 보여줌으로써 혼자 고민하던 사람들이 '어, 나 말고도 또 있네' 하며 서로의 존재를 확인하고 연대하게 돼요. 더 많은 여학생이 과학기술 분야에 들어오고 더 많은 여성이 과학자와 엔지니어로 활약했으면 좋겠어요. 흩어져 있던 힘을 모아서 커다란 물줄기로 흐를 수 있도록 연결해주는 것이 저의 역할이라고 생각합니다. 그런 면에서 팟캐스트 〈이과여자〉 역시 저에게는 특별해요. 저처럼 과학기술의 세계로부터 뛰쳐나온 경험이 있는 동료들, 과학계에 종사하고 있는 여성들, 제 책을 통해 처음 과학책을 접했다는 독자 등 과학계 안팎의 여성들과 연결되는 경험을 하고 있어요.

과학기술학 연구자로서 임소연이 특별히 관심을 가지고 있는 주제는 과학기술과 젠더, 테크놀로지와 몸 등 여성의 몸과 삶에 연관된 과학기술이다. 이를 말해주듯 임소연의 서재에는 페미니즘, 여성과 몸, AI와 기술, 인류세와 자연 등 주제별로 분류한 책들이 포스트잇 메모와 함께 정리되어 있었다.

임소연은 위인전을 즐겨 읽던 소녀였다. 어려서부터 세상을 바꾸거나 영향을 주는 일에 가치를 두었던 것 같다고 했다. 집에 있던 40권의 위인전집 중 1권을 장식하는 인물이 미국의 초대 대통령 조지 워

싱턴이었다는 사실을 내가 먼저 기억해냈다(2권은 약속이나 한 듯 링컨이었다). 헬렌 켈러, 퀴리 부인, 나이팅게일, 신사임당. 서로의 집에 있던 위인전집에서 여성은 손에 꼽을 정도였다는 공통의 기억 또한 확인했다. 어릴 때는 미처 알아채지 못하고 지나갔던 한국의 여덟 살, 아홉 살 여자아이가 읽던 위인전집의 편향성을 확인하며 우리는 잠시 아연했다.

그렇지만 괜찮다. 소녀는 자라며 스스로 찾은 위인들로 자신의 책장을 채웠으니까. 〈사이보그 선언문〉을 쓴 도나 해러웨이는 임소연을 페미니즘 과학기술의 세계로 초대한 인물이다. 책장에 꽂혀 있는 해러웨이의 책들은 기술이 여성을 지배하기도 하지만 여성이 기술을 통해 해방될 수도 있다는 인식을 열어주었다. 페미니즘과 기술을 결합하라는 임소연 내면의 목소리는 해러웨이로부터 온 것이다. 그런가 하면 사회학자이자 인류학자이며 과학철학자인 브루노 라투르는 과학을 등지고 떠났던 임소연을 다시 돌려세운 손이다. 마치 인류학을 연구하듯 실험실로 들어가 과학자 부족을 연구한 라투르의 《실험실 생활》은 임소연을 과학 지식이 만들어지는 현장으로 이끌었다.

대학 졸업 후 과학자의 길을 팽개치고 취업을 선택했을 때, 임소연의 세계에서 페미니즘과 과학은 대립되고 분리되어 있었다. 떠난 자 혹은 떠밀린 자가 자기를 보호하기 위한 가장 쉬운 방법은 상대에 대한 원망일 것이다. 문제는 이토록 성차별적인 과학, 그 자체에 있는 듯

했다. 그러나 임소연은 해러웨이와 라투르를 통해 성장했고, 여성이라는 의식을 가지고 과학을 실천해온 역사 속 이름 없는 여성 과학자들과 자신을 연결했으며, 임신과 출산의 경험을 통해 현실과 타협하며 돌봄을 수행해온 여성들의 삶에 스스로를 통합했다. 이제 원망이나 환상을 투사하지 않고 있는 그대로의 과학을 대면하고 포용할 힘을 가지게 되었다. 신화 속 영웅들은 본래 있던 세계를 떠나 시련을 겪고 성장한 후 출발했던 세계로 다시 돌아온다. 세상의 많은 사랑 이야기에서 연인들은 한 번의 헤어짐을 통해 사랑을 확인한 후 결속을 맺는다. 떠났다 돌아온 자리에서 과학에 대한 임소연의 사랑은 더욱 깊어졌다.

박사님은 "과학기술학을 하면서 과학자가 되고 싶지 않았던 이유인 과학에 대한 오해와 환상을 깨고 과학을 전보다 더 사랑하게 되었다"고 고백하셨는데요. 떠났다가 돌아온 과학에서 무엇을 보셨나요?

진짜로 돌아왔다는 말이 맞아요. 돌아와서 내가 과학자가 되어야 한다는 생각 없이 실험실에 갔더니 이 공간이 너무나 엄청난 공간인 거예요. 그러니까 논문으로 보는 과학과 실험실에서 실제로 수행되는 과학은 달라요. 과학 논문의 그래프와 수치 같은 것들은 과학자들이 실험실에서 하는 일을 보여주지는 않죠. 실험실에 가보면 과학자들이 자기 연봉의 몇 배, 5억~6억씩 하는 장비들을 신줏단지같이 모시고 있잖아요. 어떤 과학자도 실험실에서 자연 그 자체를 일대일로 만나 조작하거나 알 수는 없거든요. 살아 있는 쥐에서 추출한 물질로부터 그래프와 수치 같은 2차원의 데이터를 만들기 위해서는 복잡한 측정 장치를 고안해서 실험을 반복하고, 그로부터 나온 데이터를 분석하는 과정이 필요해요. 장비를 유지하고 관리하는 노동이 필요한 것은 말할 것도 없고요. 실제로 물질을 다루는 현장에서는 이론에 딱 맞게 완벽하게 실험 계획을 짰는데도 안 되는 경우가 너무 많거든요. 반대의 사례도 있죠. 원자의 스핀과 양자화를 입증한 슈테른·게를라흐의 실험이 있는데, 이 유명한 실험에서 결정적 역할을 한 것은 실험자의 날숨에 섞여 나온 싸구려 시가의 황 성분이었어요. 전혀 의도하거나 계획하지 않은 변수가 실험 결과를 바꾼 것이죠.

과학은 완벽하지 않아요. 완벽하지 않은 틈새와 간극을 과학자들이 그들의 노동으로 채우고 있는 거예요. 머리를 쥐어뜯으며, 때로는 대학원생들을 다그치기도 하면서요. 과학은 천재 과학자의 번뜩이는 머리에서 나오는 게 아니었어요. 과학에 인문사회학의 지식과 구별되는 객관성이라는 것이 있다면 그것은 자연이라는 물질과 도구의 힘, 매일매일의 노동에서 나온다는 것을 현장을 보여주는 과학기술학 공

부를 하면서 여실히 알게 된 거죠. 와장창하고 한 번 내던졌던 과학의 객관성을 도로 주워온 경험이었어요.

《나는 어떻게 성형미인이 되었나》는 임소연 박사님이 2008년부터 3년간 서울 청담동의 성형외과에서 환자들을 상담하는 '코디네이터'로 근무하며 관찰하고 경험한 기록입니다. 박사님의 현장은 왜 성형외과여야 했나요?

왜 과학기술 같지 않은 성형을 과학기술로 연구했느냐는 질문을 자주 들어요. 처음에는 반항심도 있었던 것 같아요. 주변을 보면 교수님이나 동료들 모두 굉장히 진지하고 심각한 과학기술을 연구하고 있더라고요. 남성으로 대표되는 유명한 수학자나 물리학자의 이야기, 원자력발전소나 GMO 같이 누가 봐도 중요한 문제들이요. 그런데 저는 그런 것에는 호기심이 생기지 않았어요. 주류 과학이 이야기하지 않지만, 일상적 삶의 공간에서 작동하고 있는 과학기술을 찾고 싶었던 것 같아요. 처음 관심을 가졌던 것은 피부 시술에 쓰이는 장비였어요. 시술을 받기 위해 피부과 침대에 누웠는데 레이저 장비의 존재가 확 다가오더라고요. '전쟁 때 쓰던 레이저 기술을 여성들이 이렇게 잘 쓰고 있네, 나 역시 마찬가지네' 하면서 기술과 내 몸의 연결점을 의식하게 된 거예요. 성형수술 같은 경우는 여성에게 익숙한 과학기술이지만 아무도 진지하게 과학기술로 생각하지 않잖아요. 게다가 사회적으로 비판을 많이 받는 과학기술이고요. 모든 면에서 배제된 과학기술이라 오히려 더 연구해보고 싶었어요.

성형을 과학기술로 연구했을 때, 지금의 성형 산업이나 성형수술에 대해 어떤 이야기를 들려주실 수 있을까요?

우리 사회에서 성형수술에 대한 관심은 왜 수술을 했는지에 대한 동기나 예뻐졌는지에 대한 결과에만 집중되어 있어요. 성형은 인간의 몸을 바꾸는 기술임에도 수술 과정에서 몸이 어떤 변화를 겪는지에 대한 이야기는 빠져 있죠. 3년 동안 강남의 성형외과에서 고객들을 응대하며 상담 과정을 지켜보았고, 수술 현장을 참관했고, 그러다 직접 수술까지 받았어요. 제가 수술로 경험한 몸은 저를 계속 아프게 하고 불편하게 하는 몸이었어요. 성형수술의 이야기가 성형 산업의 문제나 외모 중시 문화의 틀에 갇히게 되면, 정작 수술을 한 당사자의 경험과 수술 이후의 삶을 돌보는 데는 무관심하게 돼요. 몸에 개입하는 기술이 개선되기 위해서는 당사자들이 수술 후 겪는 염증과 고통, 부작용에 대한 두려움, 고립감과 우울 등 개별 환자들의 경험과 실제 현장에서 성형 기술과 돌봄을 수행하는 의사와 간호사들의 이야기가 더 많이 나와야 해요.

왜 직접 수술을 받기로 하셨죠? 관찰자와 조력자의 역할만으로는 충분하지 않았던 건가요?

성형은 몸을 개조하는 기술이니까 수술실에 들어가면 당연히 TV나 매체에서 보이는 성형한 몸이 아닌 그 과정에 참여하는 '진짜 몸'을 볼 수 있을 줄 알았어요. 성형수술이라는 기술적 절차를 몸이 어떻게 경험하는지 수술의 전 과정을 지켜보겠다고 마음먹었죠. 그런데 불가능하더라고요. 수술실에서도 진짜 몸은 가려져 있고 의사가 아닌 이상 직접 볼 수는 없었어요. 환자를 인터뷰하더라도 24시간을 다 전해들을 수 있는 것도 아닌 데다, 한번 걸러진 정보라는 한계가 있었고요. 결국 제가 다다른 선택은 '그냥 이걸 내가 하는 수밖에 없겠다. 직접 해보면 나는 알 수 있겠지'가 된 거죠.

아, 이걸 어떻게 이해해야 할까요? 그러니까 과학자를 떠올렸을 때, 이 사람들이 나랑 좀 다르다고 생각되는 부분은 극단적인 호기심이잖아요. 내 몸을 바쳐서라도 수술대에서 겪는 몸의 변화를 보고야 말겠다는 결심은 과학자의 원초적 호기심과 같은 것일까요?

그렇게 말씀해주셔서 저 지금 기분이 되게 좋은데요.

왜요?

왜냐하면 제가 과학자가 될 줄 알았는데 못 되거나 안 된 사람이라서 그런가 봐요. 학부생 때는 현장의 의미를 잘 몰랐어요. 밖은 저렇게 재밌는 게 많은데 사회랑 완전히 격리된 실험실에 갇혀서 주어진 문제의 답을 찾기 위해 엉덩이 붙이고 앉아 있어야 한다는 것에 도무지 흥미가 없었어요. 돌이켜보면 남들이 중요하다고 말하는 것과 저의 관심사가 달랐을 뿐인데, 스스로 연구 주제를 정할 만큼 호기심이 없으니 과학자의 자질 또한 없다고 받아들였죠. 그런데 지금은 실험실 안에 있는 자연과 사물의 존재, 과학자나 대학원생들이 매일매일 수행하는 노동의 의미를 알게 되면서 과학에 대한 애정과 신뢰가 이만큼 올라간 상태거든요. 암튼 그래서 과학자처럼 호기심이 있다고 말씀해주시면 저는 너무 좋은 거죠. '어, 과학자랑 비슷한 뭐가 나한테 있나 봐!' 하고.

과학자의 피 땀 그리고 눈물

인터뷰 전에 나눈 이메일에서 저에게 "과학을 순수하게 좋아하는 분 같다"라고 말씀하셨는데, 이제야 그 말뜻을 알겠어요. 제가 좋아하는 과학은 우주와 우리가 연결되어 있다는 것을 감각할 때의 숭고함과 경외감 같은 것인가 봐요. 그런데 임소연 박사님의 과학에 대한 마음은 지식이 만들

어지는 현장에 대한 지극한 애정 같아요. 우리의 미약함과 한계에도 불구하고 어떻게든 진리에 닿기 위해 흘리는 피, 땀, 눈물에 대한 갸륵함 같은 것이 느껴져요.

피, 땀, 눈물, 바로 그거예요. 과학 지식을 대중에게 쉽게 풀어서 전달해주는 과학 커뮤니케이터와 저의 지향점의 차이가 거기에 있어요. 어디선가 과학 커뮤니케이터와 대중서의 역할을 과학 투어리즘에 비유한 것을 봤는데요. 투어의 목적은 사람들에게 가장 흥미로운 것들을 보여주고 일단 감동을 받게 해서 과학과 친해지게 하는 데 있잖아요. 프랑스에 가면 에펠탑과 센강을 보고 트렌디한 맛집을 방문하는 것처럼 과학 중에서도 '우주의 나이 45억 년!', '오펜하이머, 고뇌하는 물리학자'와 같이 모두가 좋아할 만한 것을 보여주는 거죠. 물론 친절한 가이드가 되어 대중에게 과학을 쉽게 안내해주는 일도 의미가 있어요. 하지만 저는 그런 관광 포인트를 잘 잡아내는 사람은 아니고요. 프랑스 사람들은 무엇을 먹고, 어떻게 출퇴근하고, 무슨 대화를 나누는지, 매일매일의 삶을 꺼내서 보여주는 역할에 뜻이 있어요. '과학자들도 삼시세끼 먹고, 일하러 나가서 실험 안 된다고 고민하고 있고 나랑 똑같네' 이런 지점요. 에펠탑이 가지는 상징성도 있지만, 재밌지도 특별히 대단한 것도 없는 프랑스인들의 일상과 말과 생각이 오늘날의 프랑스라는 국가를 만드는 데

더 중요한 역할을 했을 수 있잖아요.

과학자가 아닌 사람들이 과학자가 아침에 출근해서 무슨 일을 하는지까지 알아야 할 필요가 있을까요?

과학을 안다는 게 뭘까요? 양자역학을 알고 뉴턴을 알면 과학을 안다고 할 수 있을까요? 이론과 지식을 아는 것이 과학의 다가 아니라는 걸 이야기하고 싶은 거예요. 과학을 지식이나 이론으로 보면 참인지 거짓인지만 중요해져요. '이거 진짜예요?' 이런 걸 자꾸 확인하고 싶어 하고, 과학을 절대적으로 신봉하거나 과학적이지 않은 건 다 거짓말로 치부하는 현상이 생기죠. 과학자들은 오히려 함부로 내 말이 옳다는 이야기를 안 하잖아요. 절대 진리란 없으며, 더 나은 설명이 나오면 지금의 이론은 언제든지 수정하거나 폐기될 수 있다고 훈련받죠. 실제로 과학에는 100퍼센트라는 것이 없어요. 과학자는 '95퍼센트의 정확도를 보인다' 이런 식으로 말하잖아요. 실험을 수차례씩 하더라도 항상 동일한 결과가 나오는 것도 아니고, 온전히 예측하거나 통제할 수 없는 자연과 물질을 대상으로 장비도 쓰고, 달래기도 하고, 조작도 하면서 얻은 결과치거든요. 그럼에도 과학을 가장 믿을 만한 지식이라고 하는 것은 절대 진리이기 때문이 아니라, 여러 검증과 절차를 거쳐 나온 지식이기 때문이에요. 과학을 신봉하지 않으면서도 믿을 수 있다는 감각은 지식만 알아서는 절대 도달할 수 없어요. 매일매일 일상적으로 수행되는 일들과 실천까지 포함되어야 진짜 과학을 안다고 말할 수 있는 이유예요.

돌이켜보면 학창 시절 그리고 그 후로도 오랫동안 과학을 싫어하고 나랑 상관없다고 생각했던 건 시험에 나오는 지식으로만 과학을 배웠기 때문인 것 같아요. 문화적 감수성, 예술적 감수성이라는 말은 있는데 왜 '과학적 감수성'은 없을까 하는 생각을 해봤어요. 교과서적 지식이 아닌 감수성을 통해 도달할 수 있는 과학의 영역이 있다고 생각하거든요. 나뭇잎 하나를 가지고도 우주로 연결되는 순간, 생명이라는 감각으로 개미 하나도 함부로 밟지 않는 마음 같은 것이요. 아, 거기에 실험실에서 흘리는 피, 땀, 눈물이 추가되었네요.

역시 문과. 묘하게 설득되는데요. 저의 경우에는 '감수성'을 '과학을 감각할 수 있는 능력'이라는 말로 바꾸어볼 수 있을 것 같아요. 피부과에 누워 있다가 레이저 장비나 기계들의 존재를 감각하는 것. 노벨상이나 〈사이언스〉 논문보다는 아침에 출근한 과학자가 실험이 잘 안 되고 있어 화가 난 모습에 시선이 머무는 깃. 현장 연구자로서 저의 감수싱은 커다란 과학의 이야기 속에 이름이 붙여지지 않고 존재감 없던 것들을 포착해서 드러낸 데에 있는 것 같아요.

앞선 인터뷰들에서 각 분야의 과학자들을 만나 이야기 나누면서 과연 과학은 '세계란 무엇이며 우리는 누구인가에 대한 질문'이라고 정리할 수 있었어요. 그런데 오늘 임소연 박사님에게 듣는 과학기술학 그리고 페미니즘 과학기술의 이야기는 '어떻게 살아야 하는가에 대한 질문'으로 와닿습니다. 과학기술과 우리의 관계를 어떻게 만들어 나가면 좋을까요?

지금 우리는 인류세라는 과학기술이 변화시킨 기후 위기와 생태 위기에 직면해 있어요. 과학기술학은 과학이 초래한 전쟁이나 환경오염 같은 것을 비판하면서 시작됐지만 지금의 위기는 오히려 과학을 버릴 수 없게 만드는 것 같아요. 사실상 위기라는 것 또한 과학을 통해 알게 된 것이니까요. 이제는 과학을 믿고, 기술을 가치 있게 써야 해요. 가치의 중립을 추구할 것이 아니라, 과학기술 안에 어떤 가치를 더 집어넣을지를 고민해야 한다는 뜻이죠. 인류세는 인간만의 문제가 아니라 인간이 자연과 맺어온 관계에 대한 사유가 필요한 위기입니다. 자본주의와 근대 과학의 결합은 여성과 자연을 지배하고 착취해온 역사이기도 합니다. 그렇기 때문에

그동안 배제되고 폄하됐던 여성적 가치를 복원하는 것은 우리가 다른 방식으로 살아갈 수 있는 유력한 대안이 될 수 있다고 생각해요. 과학기술과 멀어 보였던 여성적 가치, 즉 여성과 함께 주변화된 돌봄과 공생이 목표가 된다면 과학기술이 어떻게 바뀔지 궁금하고 기대되지 않나요?

인터뷰는 즐겁다. 관심 주제를 공유하는 타인과의 밀도 있는 대화는 에너지 넘치는 일이다. 그러나 인터뷰를 바탕으로 원고를 써내야 하는 입장에서는 추가로 필요한 내용이나 다음 질문 같은 것들을 속으로 끊임없이 생각하고 판단해야 하는 작업이기도 하다. 그렇기 때문에 인터뷰를 마쳤을 때 대략의 감은 가지고 돌아오지만, 대화의 본질과 내막은 혼자 앉아 녹취록을 정리하는 순간 뒤늦게 찾아오기도 한다.

임소연을 만나기 전, 나에게는 약간의 두려움과 방어적 자세가 있었다. 과학기술학의 비평적인 용어들은 접근이 난해했고, 페미니즘에 대해서라면 나의 얄팍함을 들킬까 전전긍긍했다. 늦은 밤. 인터뷰를 마치고 서울의 집으로 돌아가는 길. 무거운 몸을 서서히 움직여 이제 막 부산역을 출발한 열차 밖의 어둠을 응시하며 밑도 끝도 없이 '우리는 다시 만나겠구나'라는 예감이 밀려왔다. 이과 여자와 문과 여자. 삶의 경로도 성향도 달랐다. 인터뷰 중 임소연은 몇 번씩이나 "문과로군요", "인문학이네", "역시 F"라는 리액션으로 이야기를 받아주었다. 어떻게 서로 다른 두 사람이 이렇게 가슴을 연 대화를 할 수 있었을까. 답은 얼마간의 시간이 흘러 열어본 녹취록 안에 들어 있었다. 전공자도 아닌 데다 때로 어리석기까지 한 나의 질문을 임소연은 놀라울 정도로 경청하고 있었다. 이상했다. 듣는 건 나의 몫이라고 생각했는데…. 질문 혹은 질문자의 의도와 배경까지 적극적으로 헤아리고 이해하려는 그의 태도는 공감의 다른 이름이었고, 이는 임소연이 과학을 대하는 태도와 연결되어 있다는 이해가 그제야 찾아왔다.

임소연은 과학의 자리에, 여성의 자리에, 자연의 자리에 자신을 넣어본 후, 그렇게 보고 들은 이야기를 다시, 제대로 들려주는 것이 과학기술학자로서 자신의 역할이라고 했다. 너의 자리에 나를 넣어보고, 있는 그대로의 너의 모습을 인정하며, 지금 이 자리에서 함께 손을 잡고 할 수 있는 최소한의 노력을 시작하는 것. 이것은 사랑의 실천이 아닌가.

임소연과의 인터뷰를 원고로 정리하는 시간 내내 루시드폴의 노래 〈물이 되는 꿈〉을 반복해서 들었다.

비, 비가 되는 꿈, 돌이 되는 꿈, 흙이 되는 꿈
산, 산이 되는 꿈, 내가 되는 꿈, 바람이 되는 꿈
다시 바다, 바다가 되는 꿈, 모래가 되는 꿈, 물이 되는 꿈˙

'물'의 자리에 돌, 우주, 커피, 빛, 뼈, 인공위성, 볼트와 너트, 과학이라는 이름을 넣어본다. 과학에 마음이라는 것이 있다면, 그것은 과학을 받아들여 다른 존재를 알아내고 느낄 수 있는 마음일 거라고 가만히 생각해본다.

• 루시드폴, 〈물이 되는 꿈〉, 2005

바디 멀티플

아네마리 몰 | 송은주·임소연 옮김 | 그린비 | 2022

나의 연구 주제 중 하나는 '사이보그'로 대표되는 인간 향상 기술과 몸이다. 아프지 않아도 몸에 기술을 개입시켜 몸의 가치나 기능을 개선하고자 하는 기술에 관심이 있다. 성형외과 현장을 연구해 《나는 어떻게 성형 미인이 되었나》라는 책을 쓰게 된 데에는 이런 연유도 있다. 성형외과라는 의료현장을 연구하며 실제로 이 책의 영향을 많이 받았다. 《바디 멀티플》은 질병과 아픔 그리고 의료를 중심으로 객관적 구분으로 규명할 수 없는 우리 몸의 다중성을 생생하게 보여준다. 인문사회학에서 이루어지는 몸에 대한 논의는 몸을 정체성과 결부함으로써 자연 상태 그대로의 몸을 인정하지 못하고 타자화한다는 인상을 받는다. 몸에 대한 나의 관심은 이 책이 다루는 '물질로서의 몸'에 닿아 있다. 몸의 물질성을 감각하는 것이 왜 중요한가? 몸의 물질성을 감각한다는 것은 자연의 물질성을 감각하는 것과 같기 때문이라는 것이 내 생각이다. 따라서 몸을 어떻게 다루느냐는 자연을 어떻게 다루는가와 직결되어 있고, 이는 지금의 기후 위기와 인류세를 바라보는 다른 관점을 제시해준다.

영장류, 사이보그 그리고 여자

도나 J. 해러웨이 | 황희선·임옥희 옮김 | 아르테 | 2023

"나를 페미니스트 과학기술학의 길로 안내한 단 한 권의 책을 선택해야 한다면 1초도 고민하지 않고 이 책을 고를 것이다." 언젠가 《영장류, 사이보그 그리고 여자》의 서평에 썼던 이 문장은 지금도 유효하다. 여성과 젠더 그리고 페미니즘의 관점에서 과학기술을 하는 법을 이 책으로부터 배웠다. 해러웨이는 세계적인 페미니즘 이론가이자 생물학자, 문화비평가, 테크놀로지 역사가이다. 해러웨이가 1985년에 발표한 〈사이보그 선언문〉은 인간과 기계의 혼종인 사이보그를 페미니즘적 시각으로 재형상화해 독창적이고 도전적인 사유의 지평을 연 과학철학과 페미니즘의 고전으로 손꼽힌다. 책에는 〈사이보그 선언문〉을 포함해 해러웨이가 1978년부터 1989년까지 쓴 열 편의 글이 들어 있다. 인간과 동물, 유기체와 기계, 물질과 비물질, 남성과 여성, 주체와 대상, 자연과 문화 같은 이분법의 사슬을 깨라고 요구하는 것이 아닌 넘나들 수 있다는 사유가 신선한 충격을 준다. 순수함을 고집하지 않고 오염되어도 된다는 감각이 좋았다. 다른 한편으로는 예술과 신화, 소설 등을 통해서도 과학을 이야기하고 바라볼 수 있다는 시각을 열어준 책이다.

임소연

갈다 편집부, 〈시즌 SEASON 2022. 창간호〉, 2021

강성호 외, 《북극, 스무 해의 기록》, 지식노마드, 2022

고재현, 《빛의 핵심》, 사이언스북스, 2020

고재현, 방상호(그림), 《빛 쫌 아는 10대》, 풀빛, 2019

고재현, 이혜원(그림), 《양자역학 쫌 아는 10대》, 풀빛, 2023

김연화·성한아·임소연·장하원, 《겸손한 목격자들》, 에디토리얼, 2021

김현옥, 《처음 읽는 인공위성 원격탐사 이야기》, 플루토, 2021

니시자와 치에코·귀엔 반 츄엔, 《커피의 과학과 기능》, 이정기·이상규·김정
　　희 옮김, 광문각, 2011

닐 슈빈, 《DNA에서 우주를 만나다》, 이한음 옮김, 위즈덤하우스, 2015

다니카와 슌타로, 《이십억 광년의 고독》, 김응교 옮김, 문학과지성사, 2009

달라이 라마, 소피아 스트릴르베(엮음), 《달라이 라마의 마지막 수업》, 임희근
　　옮김, 다산초당, 2022

리사 랜들, 《천국의 문을 두드리며》, 이강영 옮김, 사이언스북스, 2015

마이클 콜린스, 《달로 가는 길》, 조영학 옮김, 사월의책, 2019

앤드루 H. 놀, 《지구의 짧은 역사》, 이한음 옮김, 다산사이언스, 2021

앨런 스턴·데이비드 그린스푼, 《뉴호라이즌스, 새로운 지평을 향한 여정》, 김
　　승욱 옮김, 푸른숲, 2020

윌리엄 글래슬리, 《근원의 시간 속으로》, 이지민 옮김, 더숲, 2021

유만선, 《공학자의 세상 보는 눈》, 시공사, 2020

이시와키 토모히로, 가와구치 스미코(그림), 《커피는 과학이다》, 김민영 옮김,
　　섬앤섬, 2012

이융남, 《공룡대탐험》, 창비, 2000

임소연, 《나는 어떻게 성형미인이 되었나》, 돌베개, 2022

임소연, 《신비롭지 않은 여자들》, 민음사, 2022

정서경 외, 《돌봄과 작업》, 돌고래, 2022

정세영 외, 《물질의 재발견》, 김영사, 2023

정인경, 《과학을 읽다》, 여문책, 2016

제레미 드실바, 《퍼스트 스텝》, 노신영 옮김, 브론스테인, 2022

조지 월드, 《우리는 어디에서 어디로 가는가》, 전병근 옮김, 모던아카이브, 2019

존 맥피, 《이전 세계의 연대기》, 김정은 옮김, 글항아리, 2021

쳇 레이모, 《1마일 속의 우주》, 김혜원 옮김, 사이언스북스, 2009

최준석, 《천문 열전》, 사이언스북스, 2022

카를로 로벨리, 《모든 순간의 물리학》, 김현주 옮김, 쌤앤파커스, 2016

카를로 로벨리, 《보이는 세상은 실재가 아니다》, 김정훈 옮김, 쌤앤파커스, 2018

칼 세이건, 《창백한 푸른 점》, 현정준 옮김, 사이언스북스, 2001

칼 세이건, 《코스모스》, 홍승수 옮김, 사이언스북스, 2006

탄베 유키히로, 《커피 과학》, 윤선해 옮김, 황소자리, 2017

페이지 윌리엄스, 《공룡 사냥꾼》, 전행선 옮김, 흐름출판, 2020

프랭크 윌첵, 《이토록 풍부하고 단순한 세계》, 김희봉 옮김, 김영사, 2022

황정아, 《우주날씨 이야기》, 플루토, 2019

황정아, 《우주미션 이야기》, 플루토, 2022

황정아, 《푸른빛의 위대한 도약: 우주》, 이다북스, 2022

이윤종

방송 작가. 국문과이지만 소설보다는 시를 좋아해서 전공이라면 필수적으로 읽어야 할 소설조차 외면한 채 대학 시절을 보냈다. 그러다 소설을 보기 시작한 건 30대 초중반. 인생은 드라마라는 것을 이해하게 되면서부터다. 호오가 분명해 고등학교만 졸업하면 수학과 과학은 처다보지도 않겠다고 결심했고 그 결심을 잘 지키며 살아왔으나, 어찌 된 이유인지 40대 이후 과학책을 한 권 두 권 책장에 들이다 과학 애호가의 길로 들어서 있다. 과학책 속 밑줄이 늘어갈수록 과학자들이 궁금해졌고, 마침내 그들의 서재에 직접 찾아가 이야기를 청하게 되었다.

TV 방송 EBS〈지식채널e〉의 원고를 집필했으며, 라디오 방송〈윤고은의 EBS 북카페〉에서 '이명현의 과학책방', '오영진의 테크노컬처 리포트', '과학자의 서재' 등의 코너를 기획하고 구성했다. 그림책《영혼으로 그린 그림 고흐》,《그림일까, 낙서일까?》등에 글을 썼다.

어떻게 과학을 사랑하지 않을 수 있겠어

초판 1쇄 발행 2025년 1월 13일

지은이 이윤종
발행인 김형보
편집 최윤경, 강태영, 임재희, 홍민기, 강민영, 송현주, 박지연
마케팅 이연실, 송신아, 김보미 **디자인** 송은비 **경영지원** 최윤영, 유현

발행처 어크로스출판그룹(주)
출판신고 2018년 12월 20일 제 2018-000339호
주소 서울시 마포구 동교로 109-6
전화 070-8724-0876(편집) 070-8724-5877(영업) **팩스** 02-6085-7676
이메일 across@acrossbook.com **홈페이지** www.acrossbook.com

ⓒ 이윤종 2025

ISBN 979-11-6774-185-1 03400

만든 사람들
편집 임재희 **교정** 오효순 **사진** 조영준 **디자인** 송은비